# 世间大雨滂沱，你要藏好软弱

林子树 —— 著

中国水利水电出版社
www.waterpub.com.cn
·北京·

## 内 容 提 要

《世间大雨滂沱，你要藏好软弱》是一本文字温暖且充满力量的治愈作品，它告诉读者：成年人的世界里，从来都没有"容易"二字，纵使生活有一千个理由让你哭泣，你也要拿出一万个理由来笑对人生。希望你一如既往地坚强，站在迎着光的地方，活成自己想要的模样。

**图书在版编目（CIP）数据**

世间大雨滂沱，你要藏好软弱 / 林子树著. -- 北京：中国水利水电出版社，2022.2
ISBN 978-7-5226-0373-5

Ⅰ. ①世… Ⅱ. ①林… Ⅲ. ①心理学－通俗读物 Ⅳ. ①B84-49

中国版本图书馆CIP数据核字(2022)第000332号

| 书　　名 | 世间大雨滂沱，你要藏好软弱<br>SHIJIAN DAYU PANGTUO, NI YAO CANGHAO RUANRUO |
|---|---|
| 作　　者 | 林子树　著 |
| 出版发行 | 中国水利水电出版社<br>（北京市海淀区玉渊潭南路1号D座　100038）<br>网址：www.waterpub.com.cn<br>E-mail：sales@waterpub.com.cn<br>电话：（010）68367658（营销中心） |
| 经　　售 | 北京科水图书销售中心（零售）<br>电话：（010）88383994、63202643、68545874<br>全国各地新华书店和相关出版物销售网点 |
| 排　　版 | 北京水利万物传媒有限公司 |
| 印　　刷 | 河北文扬印刷有限公司 |
| 规　　格 | 146mm×210mm　32开本　8.75印张　250千字 |
| 版　　次 | 2022年2月第1版　2022年2月第1次印刷 |
| 定　　价 | 49.80元 |

凡购买我社图书，如有缺页、倒页、脱页的，本社发行部负责调换
**版权所有·侵权必究**

我们的脆弱和坚强都超乎自己的想象。

有时,我们可能脆弱得因一句话就泪流满面,

有时,也发现自己咬着牙走了很长的路。

这个世间真的有一种勇敢让我们瞬间长大,

它让我们变得坚强,

让我们热泪盈眶,

让我们心底感受到温暖。

总有一天，你会找到自己的幸福，

会对着过去的伤痛微笑。

你会感谢离开你的那个人，

他配不上你的爱、你的好、你的痴心。

他终究不是命定的那个人。

幸好他不是。

十年前你是谁,一年前你是谁,

甚至昨天你是谁,都不重要。

重要的是,

今天你是谁,以及明天你将成为谁。

希望你一如既往地坚强勇敢，

站在迎着光的地方，

活成自己想要的模样。

很少有人能一步就拥有自己想要的生活,也许我们要走很长一段时间的弯路。

就像在夜路中行走,你收获了满天闪亮的星星,磨炼了心性。

青春终究会飞走,我们也一定会逐渐衰老,

但年轻时我们对待年轻的态度,

则决定未来我们会走上一条什么样的路。

不管昨夜经历了怎样的泣不成声,

早晨醒来这个城市依然车水马龙。

开心或者不开心,

城市都没有工夫等,

你只能铭记或者遗忘。

后来才明白,

要赚到令自己足够安心的钱,

才能过上简单、安逸、自由的生活,

才能让自己活得更有底气。

所以,多花时间努力,少点工夫矫情。

当有一天，你迂迂回回后终于到达了想去的地方，

才会惊讶地发现，

原来之前所经过的一切，都是通往这里的必经之路，

少一步都无法塑造出今天的你。

目 录 CONTENTS

## Chapter 1 第一章 做好自己，等风来

在仅有的生命里做好自己 / 002

二十几岁的年龄，实在不必慌张 / 007

不怕失败，才不会失败 / 012

把事情做到极致的人，才是人生赢家 / 017

年轻人最大的优势就是年轻 / 021

你要活成自己喜欢的样子 / 026

别让坏的心态，毁了你的人生 / 030

人在低谷时，别去打扰任何人 / 036

生活有裂缝，阳光才会照进来 / 040

## Chapter 2 第二章 世间大雨滂沱，你要藏好软弱

世间大雨滂沱，你要藏好软弱 / 044

凡事都靠别人，才会越混越差 / 049

我们都曾不堪一击，我们终会刀枪不入 / 054

不认怂，生活就没办法撂倒你 / 059

放下过去的人，才能活好当下 / 063

挺过酷寒的严冬，才有温暖的春天 / 069

## Chapter 3

### 第三章 别说怀才不遇，可能是怀才不够

人要过自省的人生 / 074

有一种自律，叫不抱怨 / 079

你以为的勤奋，可能是在瞎忙 / 083

别说怀才不遇，可能是怀才不够 / 088

真正的自律，是懂得叫醒自己 / 092

知命者不怨天，知己者不怨人 / 096

执行力，拉开人与人之间的距离 / 101

你要有野心，才会更有魅力 / 107

## Chapter 4

### 第四章 见识太少的人，才会庆祝平庸

见识越多的人，往往越谦卑 / 114

不是平台太弱，而是你没本事 / 119

见识太少的人，才会庆祝平庸 / 124

一时偷的懒，要用一辈子还 / 128

自律是一场与自己的博弈 / 133

与优秀的人同行，才能走得更远 / 138

最贵的贵人，其实是你自己 / 141

人最大的竞争差异，在于认知 / 147

Chapter 5

第五章 足够坚强，就能足够耀眼

每一次失败，都是最好的成长 / 154
你终将会成为让自己仰慕的人 / 158
足够坚强，就能足够耀眼 / 163
努力的人，才能让梦想照进现实 / 167
那些杀不死你的，终会让你更强大 / 174
感觉累就对了，因为你在走上坡路 / 178
不要假装努力，结果不会陪你演戏 / 183
真正厉害的人，没有时间抱怨 / 188
人要有敢做自己的胆量 / 193

Chapter 6

第六章 全力以赴的人生，虽败犹荣

懂得坚持的人，终会被温柔以待 / 200
活路不是别人给的，而是自己杀出来的 / 205
坚持努力，最坏的结果不过是大器晚成 / 210
每一个当下的失去，都藏着无限的可能 / 214
自律的程度，决定了人生的高度 / 218
不想吃现在的苦，就无法品尝以后的甜 / 223
全力以赴的人生，虽败犹荣 / 227

## 第七章 追光的人,终会光芒万丈

越是难熬的时候,越要自己撑过去 / 232

追光的人,终会光芒万丈 / 237

每个人的生命里,都有一段孤独的时光 / 243

人生从来没有太晚的开始 / 248

你吃的苦,都是你去看世界的路 / 254

世界只会对优秀的人刮目相看 / 259

# 第一章 Chapter 1
## 做好自己，等风来

# 在仅有的生命里
# 做好自己

01

两年前,单位里来了一名实习生。

名义上是实习,实际上就是打杂的,当时领导把他安排在了广告部。每天早上,在主任还没有来之前,他会早早地为主任打上一壶开水,然后把地拖得非常光亮,除此之外便不再有活儿可干。

日复一日,我觉得他根本不知道自己想要什么。

当时,我也想不明白,一个优秀大学的毕业生,为什么要来单位做这种打杂的活儿。

后来我问他有什么打算,他说:"我的家庭状况不好,父亲去世得早,我想在这里好好努力,学一些适应社会的本领,让我的家庭生活越来越好。"说完后,他腼腆地笑了。

平常在单位,他几乎没有什么事做,但他会主动找事情做,想尽一切办法为主任分忧。另外,他对事物的很多理解,主任都觉得非常不错。

终于有一天，主任出去谈广告业务带上了他，在主任和他的努力下，他们终于谈成了一笔棘手的广告生意。回去的时候，主任对他竖起了大拇指。

从那以后，主任几乎每次出去都要带上他。

后来，他从单位辞了职，凭借自己多年的关系开了一家广告公司，年收入上千万元。虽然他没有一个好的起点，但是他会为了梦想努力，哪怕遍体鳞伤也要保持向上的姿态。

如果你为了梦想而努力，那么梦想绝对不会亏待你，或许经历的这个过程会非常痛苦，但总会有花开的时候。

人有时候缺的并不是能力，而是面对事情的态度。你的努力上天一定会看在眼里，终会让你在某一天突然绽放。

## 02

每个人都希望能实现梦想，登上人生巅峰，享受随之而来的硕果。但遗憾的是，很多人从来没有为之努力，他们喜欢好高骛远地做梦，总是在现实与梦想之间徘徊。

J.K.罗琳是畅销书《哈利·波特》的作者，因为这本书她成了英国最富有的女人。罗琳从小就热爱英国文学，热爱写作和讲故事，而且她一直脚踏实地地坚持，曾经有很多人说她想要在写作领域里出人头地，那简直是白日做梦。

大学时，她主修法语。毕业后，她只身前往葡萄牙发展，很快和当地的一位记者坠入情网，并结婚。无奈的是，这段婚姻来得快去得也快。婚后，丈夫的本来面目暴露无遗，他殴打她，并不顾她的哀求将她赶出家门。

不久，罗琳便带着3个月大的女儿回到了英国，栖身于爱丁堡一间没有暖气的小公寓里。丈夫离她而去，工作也没有了，居无定所，身无分文，再加上嗷嗷待哺的女儿，罗琳已经穷困潦倒。

她不得不靠救济金生活，经常是女儿吃饱了，她还饿着肚子，但她从来没有放弃，因为她有自己的志向。她始终相信只要自己脚踏实地地坚持下来，最终会在写作上大放异彩。

在女儿的哭叫声中，她的《哈利·波特》第一册诞生了，并创造了出版界奇迹。作品很快被翻译成35种语言，并在115个国家和地区发行，引起了全世界的轰动。

罗琳说："每个人都有梦想，但很多人不会为之疯狂，能够实现梦想的人都是一群疯子。"

对此，我深以为然。

倘若你没有为梦想疯狂过，那么你真的不配享受这份硕果。

## 03

我有一个朋友学习一直很好，但由于家庭贫困最后只好辍学，尽管不能继续上学，但他从来没有想过放弃。

没有人能阻挡一个努力的人，为了省钱，朋友选择了自考，不论是寒冬还是酷暑，他从未为自己的梦想停下，他跟我说："就算我的人生真的不会有改变，但我还是想放手一搏。"

时光匆匆，让我想不到的是，再次见他竟然是在一所重点中学里。聊起来我才知道，他现在是这所学校的语文老师，而这所学校，很多有能力的人托关系都进不来。

我很惊讶他的改变，他却轻描淡写地说："这真没有什么，只不过算是对得起自己的付出，我从来不去在乎别人的意见，只想在仅有的生命里做好自己。"

其实很多时候，自己的人生到底会达到一个什么样的高度，没有人会过多关注。他们不会关注你遍体鳞伤的过程，只会关注最后的结果。

## 04

以前看过一个故事，有一位记者采访三个砌墙的工人，第一个抱怨说自己在砌墙，第二个说自己在砌一座大厦，第三个无比自豪地说自己在建造一座城市。

因为他们努力的程度不同，最终说自己砌墙的人还一直在砌墙，说建造一座大厦的人有了自己的工程团队，说建造一座城市的人最终拥有了一家建筑公司。

其实，他们的起点原本是相同的，但是他们付出的多少不一样。这世上有很多人找不到自己的未来，不想努力拼搏；而有些人在坚持中努力前行，因为他们始终相信自己有能力改变目前的生活。

一个人可以没有金钱，也可以暂时没有工作技能，但绝对不能没有努力下去的决心，不能没有对待事业的感恩态度。

没有钱可以慢慢赚，没有技能可以找机会学习，但如果你丧失了努力下去的决心，那么你的人生就会充满雾霾，时间久了你注定会被这个多姿多彩的社会淘汰。

做好自己，等风来，无论怎么样，你所有的付出总有一天会得到成倍的回报。

# 二十几岁的年龄，
# 实在不必慌张

## 01

二十几岁，可能是人生最艰苦的时期。我们刚离开学校，摆脱学生气，却发现要面对许多未曾想过的问题。

这段时间我们可能觉得孤独，觉得自己的人生步履维艰，其实，这段时间正好是我们认识自己的机会。如果觉得黑暗就对了，那样我们才分辨得出光芒在哪里。在二十几岁的这段时间，我们一定要明白一些事。

## 02

大学毕业后，我很顺利地在当地一家报社做记者，刚去的时候，领导说："先熟悉下环境，多浏览下新闻。"

那段时间，我不仅在网上找新闻，还会到生活中去发掘，我记得自己把第一篇作品交给主任时，他笑着说："写得不错，好好努力,将来一定能成大器。"在主任的鼓励下,我每天都在认真学习。

尽管我非常认真,但丝毫感觉不到进步,时间久了,我甚至怀疑自己不适合吃这碗饭。面对这种痛不欲生的折磨,我选择了放弃。当我辞职时,主任说:"你之所以没有进步,是因为一直在低水平重复。"

虽然当时没有理解主任的话,但后来我终于知道了,我每天都在重复前一天的工作,没有给自己输入新鲜的"血液",遇到问题也不会冷静地思考。因此新闻写作能力也一直没有改观,陷入了一种驴拉磨的怪圈。

在二十几岁,我们许多努力真的只是不断地低水平重复,这都是习惯性的动作。我们不清楚勤奋的本质,行动只是勤奋的外在表现形式。

真正的勤奋是除了去做,还要不断想着突破,想着超越,想着明天一定要比今天更好。

稻盛和夫说:"如果凡事都以目前的能力做低水平重复,那么任何新的、困难的事物,无论过多久都不会完成。"

## 03

苏艳是我的大学同学,她喜欢旅行,每次都会带着极少的行李奔走在世界各地。她漂到喜欢的地方,就会把这个地方当成临时的家。

当很多女孩子担心爬山会不会很累,在海拔高的地方会不会有高原反应时,她早已看过很多美景。她一个人去了西藏,开心地在朋友圈晒照片,那份幸福隔着屏幕都能感觉到。

苏艳喜欢独自旅行,她说:"旅行能让我增长见识,我不想在三十几岁给自己留下遗憾,趁着还没有结婚,让自己变得充实起来。"

苏艳会拿出一些时间行走在路上,在二十几岁的年纪里,她走在世界的每个角落,她不着急恋爱,更不着急结婚。她说:"一个人总要在合适的时间里有自己满意的生活,旅行让我很快乐。"

世界上最遥远的距离是你心里装着海,眼前却是电脑,平淡的生活总有着一定的规律可循,可是疯狂的人生却有千万种。二十几岁的你最需要的不是名牌包包,而是一次让自己增加见识的旅行。

肖复兴说:"旅行会让自己见识到没有见到过的东西,让自己的人生半径像水一样蔓延得更宽、更远。"

旅行可以让一个人开拓视野,找到全新的生活方式,是对自己最有价值的投资。一路上所接触的一切都足以让你用另一种眼光重新审视自己,让你知道接下来的路怎么走。

## 04

大学刚毕业,我和朋友逛电脑数码城,我看上了一台非常漂亮的笔记本,当时内心非常喜欢,但奈何囊中羞涩,朋友看到我的窘样说:"既然很喜欢,就买下来呗,可以选择分期付款啊。"

看到标签上8000多元的售价,我开始犹豫,后来在朋友的劝说下,我终于买下了那款电脑,选择两年分期。我原本以为买下电脑后,自己会很快乐,但事实并非如此。

东西买了就是用的,如果用这个东西不能给自己带来丝毫快乐,还不如不买。一件东西无论多贵、多好,只要买了不用,那就是摆设。

有时候,我们喜欢冲动消费,当看到自己喜欢的东西,经常会头脑一热马上买下,殊不知这样只会让自己更累。

二十几岁时你一定要想清楚自己要什么,不然二十岁买东西的钱,可能到三十岁都还不完,让你的人生之路步履维艰。

这个时候正好是我们捉襟见肘的时候,我们没必要通过买东西来证明自己,因为这什么也证明不了。等哪天你站在那些东西面前,价格牌不再让你触目惊心的时候,就说明买下它的时候已经到了。

钱是好东西,但是别被它绑住,挣钱的时候,别忘了自己,在合适的年龄里买合适的东西,才是对自己最大的负责。

## 05

看过一个故事:

有位年轻人很崇拜杨绛先生。他给先生写了一封长信,表达了自己的仰慕之情以及自己的许多人生困惑。先生回信,除了必要的寒暄和鼓励晚辈的句子外,诚恳而不客气地说了一句话:"你的问题主要在于读书不多而想得太多。"

读书可以改变一个人的思想和气质,可以提升一个人的修养和内涵。二十几岁正好是我们人生的浮躁期,这个时候更应该沉下心来读书,只有这样,才会让自己有所提升,等到三十几岁时才能让自己的人生之路更加顺畅。

有人说两个人在一起始于颜值,陷于才华,忠于人品。作为二十几岁的年轻人,不读书不一定没才华,但是多读书,我们的气质和内涵所展现出来的才华是绝对不一样的。

二十几岁是一个人的黄金年龄,为了不让自己在以后的日子里步履维艰,千万不要在这个时候选择安逸。

# 不怕失败，
# 才不会失败

## 01

我的师兄李哥，工作三年后选择辞职创业，没想到坚持几年后竟然成功了。他目前经营一家投资咨询管理公司，专门做培训。

有一次，我去找他玩，问他当时是怎么考虑的。李哥说："没怎么考虑，就是觉得在公司里等于混吃等死，还不如趁着年轻，多做点事业。"

我说："你难道没有考虑过后果吗，万一失败了呢？"李哥有些不解地问："谁说创业一定要成功，失败也是宝贵的财富啊，我创业的时候就没考虑自己以后会怎么样，只是做好规划后，认真去执行。"

李哥说的一句话让我记忆犹新，他说："一个人只有不怕失败，才不会失败。"

反观我身边的创业者，他们从一开始就给自己设定了一种成功的模式，但其实抱着必须成功的信心创业并不是一件好事。

在创业的道路上肯定不会一帆风顺，有些人会把失败当成财富，仔细分析失败的原因，最终迎来成功。

而有些人非常害怕遇到失败，在失败真正来临时，他们选择破罐子破摔，试问这样的人又怎么会取得成功呢？

真正的创业者不会背着失败的包袱，因为他们知道这样做只会让自己更加累。他们在做好企业规划后，剩下要做的就是全力以赴，至于结果他们会选择交给命运。

一个人如果越怕失败，那么越会失败，只有不惧怕失败，才不会失败。

## 02

生活有时候确实不像我们想象的那样，当我们对一件事全力以赴的时候，却无法取得成功；当我们对某一件事不抱希望时，它却能顺利成功。

生活本身是一场马拉松，每一个过程都需要我们用力付出。有时候结果真没有那么重要，过程才重要，努力地分析过程是为了获得一个更好的结果。

我们只有不惧怕失败，才能以更高的姿态成功，纵使人生的道路上会遇到数不清的失败，但你也要坚持下来，因为无数的失败背后一定会藏着成功。

网上看过一段话，深以为然："绕远路、走错路的结果，就恰如迷路走入深山，在别人看来这是一种失败。当别人为你的危险焦急、惋惜之际，你却获得了一些珍奇的花果，这何尝不是一种成功呢？"

是的，成功和失败都是相对的，你眼里的成功在别人眼里可能是一种失败，但这又有什么呢？只要对得起自己的坚持，这就足够了。

## 03

大学同学李红是一个不怕失败的人，她参加了5次研究生考试，终于考上了。当得知自己被录取的那一刻，她泪如雨下。我笑着说："你这是喜极而泣啊。"没想到李红说："其实，考上或者考不上对我来说都不重要了，主要是我对得起自己坚持的过程。"

李红的坚持让我汗颜，曾经我也想考研究生，但是失败一次后，就再也坚持不下来。我一直忧虑万一再失败了怎么办，觉得自己丢不起人，只好选择了不考。

几年过去了，我还是老样子，李红却迎来了自己的春天。因为惧怕失败，所以我不想去尝试，这样的自己肯定不会成功。

这个世界上有很多人不配获得成功，因为一个做事顾虑太多的人一定不会取得很大的成就，甚至连失败的资格都没有。

其实，失败是一次自我反省的机会。失败带给人们的首先是心灵上的震动，而这种震动恰好能使你重新认识自己。

可能你在失败中一直会非常消极，找不到自己的突破口，从而陷入不断的自我怀疑中。其实，失败的震动会让你好好梳理自己的心情，调整好自己的状态；可能你骄傲自满、目空一切、不可一世，失败却像一瓢冷水将你从头淋到脚，让你好好反省。

失败能让你从安乐走向无坚不摧，失败是考验你的时刻。

## 04

一个真正的强者一定是不怕失败的人，在我们的想象里，失败是成功的反义词，失败与成功绝缘，在失败的废墟里，不可能挖掘到成功的金子。事实上这种思想是错误的，失败只不过是差一点的成功。

那些功成名就的人哪一个不是从失败的废墟里站起来的。爱迪生失败了多少次才发明了电灯，居里夫人失败了多少次才发现了镭元素，如果他们惧怕失败，那么一定不会获得辉煌的成功。

失败不是固定不变的，就像你把 $1℃$ 的水加热到 $99℃$，这期间看上去你都是"失败"的，因为你并没有改变水的状态，水仍然是液态的水。但这时只要你再加一把柴，再添一把火，让水再升高 $1℃$，水的状态就会发生根本性转变，从液态升化成气态。

人生也是如此，失败并不是最终的定论，失败也并不是走到了人生的绝处，此时你只要再坚持一下，就会获得辉煌的成功。失败并不可怕，可怕的是我们在失败里颓废，觉得自己一无是处，不断地否定自己。

当一个人失去了获得成功的信心，那么他的事业也一定会非常糟糕，因为失败成了他的人生常态，他已经习以为常。

聪明的人不会在失败中颓废，他会总结失败的经验，让自己变得更加强大，迎来属于自己的明天。

# 把事情做到极致的人，
## 才是人生赢家

### 01

先来说个故事。

两年前，我们报社来了一个叫小松的实习生，他虽然毕业于名校，但是主任似乎没有重用他的意思。小松的工作非常清闲，每天上午帮主任打扫办公室，下午做一些简单的校对工作。

时间久了，小松觉得自己有点大材小用，对这份工作也慢慢变得有些不情愿。小松发现，他每次打的水主任几乎都不喝，虽然办公室每次都整理得非常干净，但主任很少在。

后来，小松渐渐地开始应付，每天象征性地打水，简单地整理办公室，他天真地以为自己做的这些根本不重要，每天在浑浑噩噩中度日。

有一次，办公室里来了一位重要的客人，他看到落满灰尘的椅子有些不知所措，脸上有些尴尬的主任慌忙帮对方擦干净。为了打破这种尴尬，主任笑着说："来尝尝我刚买的好茶。"

更让主任想不到的是,泡茶的水竟然不开,主任有些坐不住了,对方开玩笑说:"张总,我看你得找个助理了,总不能自己干这些活儿吧。"主任尴尬地附和着:"是得找个了。"

客人走后,主任有些生气,他把小松叫到办公室问原因。小松红着脸说:"我不知道您今天回来,否则肯定不会这样。"小松说完后,主任生气地说:"难道你做的这一切都是给我看的吗?"

因为这件事,小松被解雇了。

## 02

有一次我们一起吃饭,在这期间谈起小松,主任有些惋惜地说:"其实,这个小伙子很优秀,但是做工作喜欢应付,之所以刚开始没有重用,是想磨炼一下他的耐心,但结果太让我失望了。"

主任告诉我,做新闻的人一定要有耐性,如果不能把生活中的事情做到极致,那么工作的磨难会让他丧失找新闻的动力,为了完成任务,他多半会采用道听途说的消息,这就麻烦了。

一个凡事都应付的人,没有资格谈成功。

生活中,很多人一辈子都非常努力,但从来没有得到自己想要的结果,时间久了他们会埋怨自己的能力,甚至会抱怨命运的不公。这些人有个共同的特点,就是做工作几乎都在应付,从来没有想过做到极致。

如果说一个人对工作的态度决定了自己的未来，那么对工作应付注定会被社会淘汰，在工作上追求完美并不难，但很多人都坚持不下来。

凡事都应付的人是可悲的，社会上有很多这样的人，面对领导交代的工作，以为只要完成就行了，从来不肯下功夫去完善。

## 03

有很多人口口声声说自己很努力，但我觉得这不过是假努力。

不成功的人并不是因为自己不努力，而是根本没有拿出大量的精力把事情做到尽善尽美，我觉得做到极致的人肯定会得到上天的眷顾。

其实，努力不代表尽力，完成不代表完善。

有两个年轻人去一家公司应聘蔬菜采购员，失败者心里非常不舒服，他跟领导抱怨，领导说："你真觉得不是自己的原因？"这位失败者马上点了点头，领导继续说："好吧，我再给你一次机会，你去帮我问问西红柿多少钱一斤。"

很快，这位失败者便把价格带来了，他笑着说："我这次很努力了，我还跟对方砍价了，最终每斤砍下来5毛钱。"领导并没有说话，而是让应聘成功的年轻人也去做这件事。

半天后，年轻人气喘吁吁地回来了，看到领导后说："我都问清楚了，大量采购会便宜很多，不仅如此，很多蔬菜的价格我都知道了,这是价格表,您看看。"领导问那位失败者还有什么话说,他瞬间哑口无言。

这世界很公平,你非常努力却迟迟不成功,并不是因为你才华不行,而是因为你允许自己有松懈的机会,对领导交代的工作敷衍了事。因为你对工作越来越将就,所以才会离成功越来越远。

高效的工作能力,不是尽快地完成工作,而是把工作尽可能做到完美!

如果你给自己很强的自我约束力,认真努力地完成每一件事,时间久了你一定会得到自己想要的成功。

# 年轻人最大的优势
## 就是年轻

### 01

前两天,去外地出差,和做人力资源工作的朋友聊过一次关于求职应聘的事。一直以来,大家都觉得简历很重要,所以一些简历相对差的年轻人根本不敢去大公司应聘,他们觉得去了也是自讨没趣。

我问朋友对简历的看法。

朋友说:"简历只是让别人快速了解你的一个媒介,关键看一个人真正的实力。如果一个人从开始就不想去尝试,那么结果一定是失败;如果敢于尝试,那可能还会获得一个机会。"

朋友的观点,我特别赞同,凡事去争取一下,说不定真有机会,就怕缩手缩脚,非常谨慎,不敢去试错,到最后一无所有。

既然上天给了你试错的机会,那么就要牢牢地抓住,现在就不敢试错,怕出丑,今后又怎么可能成就一番事业呢?

年轻人最大的优势就是年轻,因为年轻,试错成本就会很低。努力去试了，就算失败，也会为自己以后的人生累积经验，当机会来临时，能牢牢地抓住。

人真正的成长只有一种方式，那就是试错。

一个人只有尝试多和世界打交道，才能更容易成功。打交道多了，才会更有阅历，才会知道自己真正的分量。

## 02

以前看过一档节目，有一位非常优秀的女孩，她是北大中文系研究生，顶着很多光环。

主持人问她："你条件、学历都这么好，为什么还要那么拼呢？"她淡然回答："其实我一直以来的想法就是，趁着年轻多去尝试，那样就不会有遗憾了。"

女孩的话引起了很多人的共鸣，有很多年轻人后悔自己没有认真地试错。

清华大学经济管理学院的王晓瑜就特别后悔。

她说："回望在园子里的这四年，我最遗憾的就是没能抓住年轻的机会去做更多的尝试，因为大学是试错成本最低的时期，我应该多摔几次跤，多哭几次。"

在大学期间，王晓瑜以学业为重的心态激励着她把学习放在首要位置，甚至是唯一的目标。如果可以重来，她表示自己会选择一种不同的生活，会去尝试一些兴趣社团，比如艺术团、合唱队，等等，去寻找自己真正喜欢的东西。

王晓瑜说："最近我在跟老师做项目，感觉到了真正该承担社会责任的时候。这种时候就会去想、去遗憾，自己在大学这宝贵的四年里为什么没有去尝试那些自己真正热爱、对自己的生活更加有意义的事情。"

事实上真是这样，趁着年轻，试错成本低，想做什么尽管去做好了。做错了，失败了，被拒绝了不过是推倒重来，没什么值得犹豫与畏缩的。

无论你做什么事情，都有别人会最大限度地包容你，他们不会真正去苛求你什么。如果现在不去尝试，那么以后会摔更多的跤，这只会让自己更疼。

## 03

趁着年轻，赶紧去试错吧，说不定试着试着，就成功了。

作为年轻人，我们真没必要缩手缩脚，大胆犯错就好了，全力以赴地去试错，就算不成，我们还有大把时间去纠正错误。

最怕你不敢试错，最后试错成本越来越高，终其一生也没有什么大成就。

当然，试错不是漫无目的，而是把犯过的错误当成经验，以后做事的时候能规避这个风险，同一个地方不要让自己摔倒两次。

举个简单的小例子，我们都知道开水不能碰，会烫伤。如果一直是由父母教导，我们可能不会很重视，但如果有一天你不小心碰到开水后被烫了一下，就有了切身体验。

试错一定要讲究科学方法。在试错前，我们也要认真审视试错的成本和空间，如果选择不可避免，不如去选择风险更低、损失更小的那种。

在犯错后，更要学会自我反思，举一反三，不逃避责任，不找借口。如果在同一个问题上反复试错，那么就失去了意义。

在汕头大学的一届毕业典礼上，姚明作了题为《人生没有彩排》的演讲。

他用一个形象的例子鼓励大家勇于试错。他说："我在NBA总共出手了6408次，投进了3362个球，失手了3046次。另外还有1304次的失误。如果没有这四千多次错误，我也成不了今天的我。"

但姚明也表示试错是建立在球队的宽容和自身快速成长的基础之上的，他说："很多球员没我这么幸运，他们或许只犯了几次甚至一次错误，就失去了在NBA延续职业生涯的机会。"

趁着年轻，一定要去试错，但不能盲目试错，否则你所谓的试错，不过是在浪费时间。

每个人的成长，都需要不断去试错，很多东西只有自己亲身经历之后，才能说好与不好。

为什么年轻要不断地去试错呢？因为你还有足够的时间，就算错了也还有改正的机会,通过改正能更好地实现自己的价值。

  我们都想在将来过上自己想要的生活,但如果不去尝试,怕是你连什么是自己真正想要的都不知道。

  年轻的你,要勇于试错,任何一次失误,都是属于自己的财富。跌倒了就爬起来,我们会在一次次跌倒中,不断地积累经验,为未来做好准备。

  每个人的人生都只有一次,不要用最宝贵的青春为别人而活。愿你在试错中不断成长。

# 你要活成
# 自己喜欢的样子

01

六年前,我开始学开车,遇到了一个老车友,他每次上车都专心致志地练习,完全不理会别人诧异的目光。

休息的时候,我们两个攀谈起来,当得知他50多岁后,我笑着说:"你可真有毅力,我要是你这个年龄就不学了。"

他笑了下说:"确实,我学车的时候,家人朋友都不同意,他们觉得都这么大年纪了,没必要折腾下去了,可我就是想学。"

交谈中我才知道,他一直喜欢开车,因为早些年没有机会就搁浅了,后来自己摸索着学会了开车,但一直没有驾驶证,过了一段时间后,他觉得这样不行,想考驾照跑运输。

当他和家人说自己的决定时,家里一致反对,他学习的过程很艰难,两次都没考过。后来教练也有些不理解,可这位车友是不服输的人,他一直坚持。

后来听说他拿到了驾照,买了一辆小卡车,运输跑得非常顺利,日子过得也很舒心。

知道自己想要什么的人,定然不会太在意别人的看法,也不会因为前进路上遇到的困难而缴枪投降。他们会克服困难,披荆斩棘,让自己的人生更漂亮。

让自己不被别人的看法左右,就是对自己最好的肯定,否则,你只能在别人的看法里活成一个笑话。

## 02

朋友小刘是一个摇摆不定的人,也正是因为太在意别人的看法,所以到现在一事无成。

大学毕业后,她开始找工作,当她信心满满地跟朋友说自己想去Ａ公司时,朋友说:"我觉得你还是算了吧,Ａ公司那么难进,你去面试也是浪费时间。"

朋友这么一说,小刘瞬间就像泄了气的皮球,她以为就算自己再努力也不会获得进入Ａ公司的资格。当她放弃时,别人却顺利地应聘成功了,为此她懊恼不已。

前段时间,她立志减肥,正当她满怀信心时,朋友却说:"你都这么胖了,还有必要减肥吗?再说减肥有什么意思啊,我反而觉得做个胖子很快乐。"

小刘突然觉得朋友说得很对,就放弃了减肥,到现在她还是一个胖子,还经常因为自己的外形导致穿不了很多心仪的衣服而懊恼。

其实，那些优秀的人，不是运气有多么好，而是不轻易让自己陷入别人意见的泥潭中。恰恰相反，他们懂得怎样实现自己的价值，让自己的未来更加璀璨。

一个真正成功的人绝对不会在意别人的看法，会想办法让自己变得更好，就算这个过程非常艰难，他也一定会坚持下来。

## 03

还记得小马过河的故事吗？

小马过河的时候，松鼠说河水很深，会淹没了它，让它千万不要过河；老牛却说河水不深，才没过它的小腿。最后小马试着过了河，才知道河水不像松鼠说的那样深，也不像老牛说的那样浅。

事实上真是这样，在人生这条路上，我们会听到很多不同的意见，也会因为这些意见不知所措，可是这真的不重要。所有的事情都需要你亲自去试，也只有试了，才会知道最终的结果。

可生活中，有太多的人容易被别人左右，别人说不好就觉得自己真的不好，盲目按照别人的模式修正。

那些成功的人都是能坚持自我的人，不论别人怎么说，都会努力下去；而失败的人太注重别人的意见，没有主心骨。

认准了某个公司的offer，就努力去做，大不了从头再来；想减肥就制订计划坚决执行,等你瘦下来的时候,才知道这份坚持有多么重要。

如果你不想让自己活成笑话,那么从今天开始请不要太看重别人的看法,因为这等于给自己上了一副枷锁,当你想打开的时候,却发现早已无能为力。

那些真正优秀的人都努力地活出了自我,而不是在别人的意见里继续沉沦、失去自我。

# 别让坏的心态，
# 毁了你的人生

## 01

生活中，千万不要有"玻璃心"和"橡皮心"这两种心态。

作家契诃夫的《一个文官的死》讲了这样一个故事：

一个文官在剧院看戏时不小心冲着一位将军的后背打了个喷嚏，便疑心自己冒犯了将军。他三番五次向将军道歉，结果惹烦了将军，最后在被将军呵斥后他竟一命呜呼了。

在将军背后打了个喷嚏，这个文官便臆想不断，越想越害怕，所以只能不停地道歉。他以为只有这样，将军才会原谅自己。

殊不知，刚开始将军根本没当回事，倒是他没完没了的聒噪让将军失去了耐性，最后被呵斥而失去了性命。

文官不是死在自己的鲁莽上，而是死在自己的"玻璃心"上。

这个故事看似荒诞，但也说明了"玻璃心"的人有一个共同点，就是都具有把自己的感情、意志、特性投射并强加于他人的一种认知倾向，而且极其敏感、胆怯、羸弱。

"玻璃心"的人特别敏感。三个人在一起时,其中两个人之间谈话多一点,他可能就会觉得别人在针对他;别人关门声大一点,他可能就觉得别人讨厌自己;跟别人聊天,对方没有立即回复,他便会臆想出来一大堆可怕的事情……

他们一直生活在自己的世界里,一旦发现别人和自己不一样,便会觉得自己受到了伤害,内心极其不安。

## 02

生活中,不只是"玻璃心","橡皮心"也会让人崩溃。

这些人,不仅没有神经和痛感,而且没有效率和反应。整个人好像是橡皮做成的,不接受任何新生事物和意见,对于任何批评、表扬都无所谓,一副油盐不进的样子。如果想改造他们,力度小了他们根本不在乎,力度大了,还会反弹一些不满过来。

有个朋友是一家咨询公司的业务主管,他手底下就有一个这样的人,每次千叮咛万嘱咐,他依然完不成工作。有时候朋友特别生气,就批评他几句,没想到他不仅没有意识到错误,还一副职场老油条的样子。

朋友多说了几句,没想到他跳起来指着朋友说:"不就是没完成工作吗?你至于没完没了地纠缠下去吗?"对方说完后,朋友愣了一会儿,因为他突然不知道如何回答。

朋友说:"遇到这种人,真是糟糕透了,对方简直就是一块木头，明明是他的错，最后却把自己气得够呛。"

后来实在没有办法了，经过公司研究决定，这名员工被开除了。

"橡皮心"的人就是这样，说得轻了，会依然我行我素；说得重了，就会跳起来和你吵。总之，所有的问题都不是他的错。任凭你说破天，他就坚持做自己，一副两耳不闻窗外事的样子，真的特别招人烦。

不单是"玻璃心"能成为一个人的生活障碍，"橡皮心"也会害了一个人。生活中，无论是"玻璃心"还是"橡皮心"，都是解决不了问题的，因为没有人会把你当成核心，如果你敏感脆弱或者总是无所谓的"橡皮心"态度，自然要为自己的行为买单。

其实，一个人暂时能力差，真的不要紧，只要虚心好学，努力提升，那么就一定会活得开心快乐，就怕你有"玻璃心"或"橡皮心"。

这世上没有随随便便的成功，没有人会一帆风顺，一个人所谓的委屈，不过就是自己的心态在作祟。承受住压力，凡事充满激情，才能更好地实现自己的价值。

## 03

前段时间，有一件事上了热搜，一个网友发帖子说："老板跟我说话，我回复了一个'嗯'，结果被老板批评。"

老板觉得这位员工做得不对，他觉得对领导和客户都不要回复'嗯'，所以就批评了她。

这个网友心里非常不爽："我不能理解，月底就准备走人了。"她本想发帖寻求共鸣，没想到遭到网民一边倒的批评。有网友说："碰到这样耐心教你的老板算不错了，还这么不知足。"

其实，这个网友也没有做什么，只不过是回复了个"嗯"，那么为什么大家都批评这个网友呢？那是因为他们觉得人在职场，最烦的就是"玻璃心"。

有些人就是这样，他们有很强的"玻璃心"，受不了一点委屈，看不得一点脸色，听不了一句重话。只要老板批评，立马就想卷铺盖走人，从来不考虑自己的问题。

人在职场混，哪有不受委屈的。如果被说一句就觉得天塌了，这样的人根本不适合职场。

有句话说得好：在职场混，最怕你没有公主命，还一身公主病。

铁娘子董明珠说过，要让上级哄着你做事的，请回到你妈妈身边去，长大了再来面对这个世界。这个世界的现实太残忍，你想过得更好，意味着你要加倍努力奋斗，而不是抱怨。

职场有时候很简单，上司不会多和你讲情面，服就留下，不服就离开，职场确实不相信眼泪，所以很多时候，你必须收起"玻璃心"，扛住事，也只有这样，你的前途才会更光明。

## 04

很多年轻人觉得"橡皮心"离自己很远,事实上,身在职场2—5年内,80%的人变得越来越"橡皮"。

"橡皮心"和"玻璃心"是两个极端,"玻璃心"说不得,"橡皮心"说了不听,油盐不进。

从表面上看,"橡皮心"在职场上似乎是"刀枪不入"的心态,不容易被工作影响情绪,不仅不会给自己带来伤害,还能给自己带来短暂的快乐。

但这种心理是不健康的,你的"橡皮心"早晚会毁掉你。拥有"橡皮心"的人,绝对不会以开放、投入的态度对待工作,如果一直这样下去,麻木、无所谓等情绪就会弥漫开来。

而这些,都是"橡皮心"惹的祸!

职场不是自己的家,领导不是爸妈,企业是为了营利的,如果你消极怠工,对工作是无所谓的态度,没有工作激情,一副破罐破摔的状态,那么等待你的就是被炒鱿鱼。

一个人如果没有"玻璃心"或"橡皮心",那么成功是早晚的事,那些拥有好心态做事的人,最后都成了牛人。

奇虎360创始人周鸿祎告诫年轻人:"人在年轻的时候应该让自己的心变得粗糙一点,能够承受各种痛苦,能够丢掉虚荣的面子,能够凡事不往心里去,始终充满激情地奋斗,这样才能赢得更多青睐,这样才能走得更稳,走得更远。"对此,我深以为然。

愿你在以后的生活中，丢掉虚荣的面子，对工作充满激情，丢掉"玻璃心"和"橡皮心"，凡事不往心里去，虚心努力学习，坚持下来，那么你的人生之路一定会更开阔，共勉。

# 人在低谷时，
# 别去打扰任何人

## 01

当我们面临困难的时候，以为只要说出来就有人帮自己；当我们在低谷时，以为只要自己做得对，别人就会认可。

长大后却发现这一切不过是自己的一厢情愿，也终于懂得人在低谷时，说什么都是没用的，就算你对别人掏心掏肺，别人也不会高看你一眼。

这世上从来没有真正的感同身受，甲之蜜糖可能就是乙之砒霜，可明知道是这样，很多时候我们却特别喜欢诉说，总想让别人理解自己的苦，可这真的不现实。

无论你的生活怎么苦，与别人都没有关系，因为每个人都有自己的苦，你要做的不是逢人诉说，而是自我消化。

任何时候都要知道，若是深陷低谷，自然是人微言轻，这个时候懂得闭嘴就是最明智的。

## 02

　　人生在世，不如意的事十之八九，每个人的一生都不可能一帆风顺，都会或多或少地遇到一些问题，只是有的人习惯隐忍，有的人习惯把苦说给别人听。

　　很多时候我们以为当别人了解了自己的苦，就会帮助自己，殊不知大多数情况下，他们会选择远离，甚至会跟自己划清界限。

　　网上看到一个视频，深有感触：

　　有个男人创业失败，很快和自己的几个好哥们儿说了，他本来以为大家会帮他渡过难关，但没想到现实却如此残酷。

　　念及兄弟情的还会安慰他两句，不念兄弟情的则直接和他断绝关系，一时间他陷入了绝望的境地，他所想的完全不是这个样子，但现实却是这个样子。

　　后来，这个男人终于懂得了人情冷暖，自己的问题不再和别人说，而是积极面对自己的困难，想尽办法让自己好起来。

　　经过自己的打拼，他终于东山再起。

　　任何时候都不要指望别人了解你，指望别人能和你想的一样。大家是不同的人，自然无法在事情上意见一致，既然不一致，那么就别勉强。

　　生而为人，最明智的做法就是做好自己，我们虽然改变不了别人，但是能改变自己。若是自己受了委屈，没必要倾诉，留在心里，或者找个没人的地方喊几声，未尝不是一种明智的解决方式。

你的苦永远是你自己的事情，与别人无关，无论多难，这条路都是你自己选择的，既然是自己选的，又怎能怨别人呢？就算跪着也得走完吧。

## 03

这是一个看实力的时代，如果你有足够的实力，那么根本不需要你多言，你的观点就能很好地吸引别人，如果你没有实力，就算你再努力也只是白费。

当你没有成就的时候，别人看你的眼光是不一样的。与其因不被理解而痛苦，还不如直接不说出来。

这点，朋友王强深有体会。

王强用了很长一段时间建立起了自己的一套理论体系，当他向别人介绍这套体系的时候，没想到别人直接不搭理自己，他不知道问题出在什么地方。

明明自己很努力，对别人也特别真诚，为何换来的却是这样的结果。

当他和朋友说这件事的时候，朋友告诉了他答案。朋友问他事业是否取得了成功，是否实现了自己的价值，王强表示没有，反问朋友这有关系吗？

朋友笑着说:"在这个时代,大家都是看结果的人,你现在什么都没有,就算你的理论体系再牛又有什么用呢?大家从你身上看不到想要的结果。"

朋友的话让王强恍然大悟,实际上真是这样,很多时候我们完全忽略了自身,自己都不成功,别人又怎么可能相信呢?

人在低谷时最好的办法是绝地反击,而不是指望别人,因为靠山山会倒,靠人人会走,只有靠自己最好。

人生实苦,这世上确实没有感同身受,不要怪别人不理解你,因为如果角色互换,你也不会理解别人,这是身份不同导致的。

我们生活在不同的圈子里,如果你在一个圈子里没有任何自己的东西,那么早晚会被圈子淘汰,如果你不提高自己,那么认识谁也没用。

俗话说,打铁还需自身硬。这句话很简单,但道理却不简单,很多时候我们就是忽略了自身,才让自己一败涂地。

若是现在的你正好深陷低谷,那么请不要去打扰任何人,不要消沉,沉下心来奋斗出一个绝地反击的故事,只有这样才不枉在这人世间走一遭。

# 生活有裂缝，
# 阳光才会照进来

## 01

见到王姐的时候，瞬间被她吸引，举止优雅得体，笑容让人如沐春风。如果不是知道她的故事，我很难把她和癌症联系在一起。

王姐这几年很难。前两年和老公一起做生意赔了个精光，上班一段时间后又被辞退，本以为霉运到头了，没想到又查出了乳腺癌。

命运跟她开了一个又一个玩笑，在接二连三的打击下，王姐还是扛了下来，每天都笑对生活。看到她的样子，我曾一度以为被命运打击的人不是她，而是别人。

熟了之后我问过她，难道真的能承受得住这么多打击吗？王姐听后呵呵一笑："承受不住，然后呢，难不成要死要活？"

突然觉得王姐说得很有道理。无论怎样，生活总要继续，悲伤难过、怨天尤人是一天，开心快乐、舒舒服服也是一天。既然有些事已经很难改变,为何不让自己放松一点呢?

我们都渴望一帆风顺的生活,可人这一生,不如意事十之八九,生活不会完全顺着我们的意愿,而磨难不过是生活裂开的一个口子。透过缝隙,温暖的阳光才能照进来。

## 02

看过一则寓言,内心深有感触。

一个挑水工有两个用来挑水的瓦罐,一个完好无损,另一个有一条小小的裂缝。

有裂缝的瓦罐总是自怨自艾,觉得自己特别失败,甚至找不到自己的价值。每次那只完好的瓦罐总能把整罐水全部运回主人家里,而自己却只能运回半罐,时间长了,它变得越来越自卑。

后来,挑水工温和地对它说:"你为何不把注意力放在路边的花上呢?在你的这一边,我播下了花种,每次我挑水回来的路上,你就顺路浇灌了路边的花种。你看,现在这些花儿多漂亮。"挑水工说完,这只有裂缝的瓦罐恍然大悟。

面对生活的缝隙,聪明的人不会揪住不放,他们会用这些裂缝给生活增添一点别样的芬芳。只有自怨自艾的人才会一直难过悲伤,时间久了心情越来越差,自己也会陷入深渊中。

有人说,生活就像一个多解的多元多次方程,常常让我们无从求解，而打开生活这把大锁的万能钥匙就是自己的态度。当自己快乐了，整个世界都是快乐的。

## 03

有个同学以前一直处在焦虑中，总觉得生活太压抑，找不到乐趣。有一次，他出了车祸，万幸没有大碍。经历了这次劫难，他变了，变得乐呵呵的，从前那种悲伤阴霾一扫而空。

我问过他，同学说得很实在："这世上没有什么比活着更重要，既然能好好活着，何必自怨自艾呢？"

我们总是焦虑，抱怨生活的不公平，觉得自己就是那个最失败的人。可你真的认真对比过吗？你可能不知道，有多少人正羡慕着你的生活，又有多少人为了过上你这样的生活在拼命努力。

我们都在努力维持一种平衡，害怕平衡被打破，害怕倒霉的人是自己。其实，这真是多虑了，因为在别人眼里，你的幸福是那么耀眼。

人就是这样，只有受伤了，才知道身体健康有多重要；只有经受一些磨难，才知道生活有多美好；只有遇到了生活的裂缝，才知道阳光有多温暖。

如果生活让你措手不及，请不要心慌，认真面对这个裂缝。因为有了这些裂缝，我们才更加懂得阳光的珍贵。

# 第二章 Chapter 2

## 世间大雨滂沱，你要藏好软弱

# 世间大雨滂沱，
# 你要藏好软弱

## 01

朋友曾在一家非常不错的单位上班。如果没有那次裁员，或许他还会朝九晚五地上着班，过着属于自己的生活。

他找各种关系，试图能让自己留下，最后尽力了，失败了，心也寒了。

被辞职之后，他开始找工作，但却一直碰壁。人倒霉的时候，连喝凉水都会塞牙缝，刚开始他还不相信，但现在完全相信了。

屋漏偏逢连夜雨，孩子在这个时候又生病了，那一刻他差点儿崩溃了。面对这些突如其来的事情，他知道自己没有退路了。

如果你不去努力，那么这个世界上没有人会可怜你，整个世界只会看你的笑话。

世间大雨滂沱，你只能藏好自己的软弱，开始来一场绝地反击。

于是，他放下架子开始摆地摊，挤出时间努力赚钱，用最快的速度适应这个社会。我曾在微信上问他："苦吗？"他回答："当然苦啊，但当你没有退路了，努力是唯一拯救自己的方式。"

其实，很多时候我们对某件事并不是做不到，而是以为一切还有机会，还抱有侥幸心理，但如果真没有退路了，那么就会努力去做了。

生活稍微有点起色后，他开始了创业，在创业的过程中也是吃尽了苦头，但幸运的是，结果越来越好，属于自己的柳暗花明似乎正在向他招手。

后来，他创业成功了，不论是财富还是个人价值都得到了大幅度的提高。回望自己走过来的这段路，他感慨万千："幸亏没放弃，还好努力了，要不这一切真的是一个遥远的梦。"

这个世界真的很残酷，也许我们拼命地努力不过是为了一个机会，通过努力来改变自己的命运，可能开始真的很难，但那又怎样呢？

有时候，除了努力，我们真的一无所有。

## 02

努力或许无法活出自己的价值，但至少可以让生活过得更好一点。

你有没有见过为了生活拼尽全力的人，我见过，高中同学李冉就是这样的人。

李冉出生在一个非常贫困的家庭，如果父亲不出意外，那么这个小家还能维持下去，但很遗憾，人生没有如果，在一个月黑风高的夜晚，父亲出车祸永远离开了。

这时我们已经到了高三冲刺的关键时刻，但李冉还是选择了放弃高考。刚离开学校的前两天，李冉整个人的状态都不好，他把自己关在屋子里，拒绝与任何人讲话。

母亲含着泪说："妈对不起你，要是我有能力，也不会拖累了你，要是你爸还在，我们家也不会这样。"

听到母亲的自责，李冉心里更不是滋味，他只能安慰母亲，在夜深人静的时候独自流泪，他知道在命运的面前，自己根本无能为力，他没有资格埋怨母亲，埋怨这个给自己生命的人。

看着光秃秃的墙上贴满的奖状，他经常会莫名其妙地疯狂，人生难道就这么完了吗？为了补贴家用，他跟村里人一起去外面打工，干最辛苦的活儿，拿最卑微的酬劳。

人生一旦陷入谷底，仿佛唯一能做的就是绝地反击。

李冉想改变了，夜晚，当工友们在打扑克的时候，他在昏暗的灯光下学习，他想通过自考来改变自己的命运，就算看不到终点，也要奋力一搏。

其实，很多时候就是这样，如果你去做，可能会获得想要的成功，但如果你不做，等待你的好像只有失败。

海明威曾经在《老人与海》里说："一个人可以被毁灭，但不可以被打败。"

  为了改变，李冉拼尽全力，终于顺利拿下自考本科，找到了一份不错的工作，也终于改变了自己曾在谷底的命运。

  有次一起吃饭，李冉说："生活没有给我留下退路，如果往后退一步就是万丈悬崖，那么我会摔得粉身碎骨，但是我不想死，还想活着创造属于自己的辉煌，所以我只能努力。"

  所有努力的人都会让你刮目相看，因为他们有了改变的底气，自然会得到上天的垂青。

## 03

  我们每个人都有梦想，都会面临生活的考验，都想活得舒服一点，所以在生活面前我们没有理由偷懒，只有疯狂地努力。

  那些天生要强的人，命运拿他们真的没办法，因为他们会想尽一切办法披荆斩棘，会让自己的人生之路越来越顺畅。他们自然会得到命运的垂青，实现自己的人生价值。

  天生要强的人，会做命运的主人，用好所有的时间；天生弱的人，自然会是命运的奴隶，稍微遇到点困难就会退缩，虚度了光阴。

  如果你一直虚度光阴，那么光阴也会辜负你。命运把你放在一个低点，是为了给你一个绝地反击的机会，而不是让你趴下，一蹶不振。

人只要努力了,日子总会过得越来越好,从开始的苦到最后的甜,肯定要经过命运的洗礼,让自己没有退路,这个时候就算前进一步都是不小的进步。

越努力越幸运,这句话说得对,你只要努力就会改变,因为每个人的人生存在着无限的可能性。

钱钟书说:"人生有两种境界,一种是痛而不言,另一种是笑而不语。天下就没有偶然,那不过是化了妆的、戴了面具的必然。"

那些疯狂努力的人,才是最牛的人,当他们饱受了生活的苦,自然会得到生活的甜。

# 凡事都靠别人，
# 才会越混越差

## 01

在知乎上看到一句话，深以为然："如果一个人一直想靠别人，那么他一定会受到致命的惩罚，暂时的依靠或许能得到暂时的改变，但终不会长久。"

在工作中，我们经常会遇到一些棘手的问题需要向同事请教，有的人请教一次后很快就会知道怎么做，而有的人再次遇到相同的问题则还是不会。

为什么会这样？

因为惰性。有的人，一旦别人解决了自己的燃眉之急，就不会再去考虑这个问题，当下次遇到后依然不会，陷入恶性循环中。

因为你凡事都想依靠别人解决，所以你的能力并没有丝毫提升，最终成为公司的最底层。

朋友H在一家外贸公司上班，由于经常与外国客户打交道，所以公司对她们的英语水平要求很高。H虽然英语已经过了八级，但还是感觉有些力不从心。前段时间公司里来了一名有关系的实习生，她的英语水平并不是很好。

领导觉得只要能在公司里有很好的历练，那么应该很快就会适应。刚开始，小姑娘虚心好学，每次遇到不懂的问题就找H请教，H也非常有耐心。可时间久了，H发现一个问题，有些语句这个小姑娘已经问了好几遍了，但还是一直问。

有一次，小姑娘又来请教H问题，H说："亲爱的，我记得你这个问题已经问过好多遍了。"小姑娘眨了眨眼，一脸懵懂地说："真的吗？我都不记得了，每次解决完我就忘了，英语真是让人头大，我懒得去想。"小姑娘说完后，H一脸无奈。

## 02

很多人都是这样，他们从来没有想过持续学习，把别人当成免费的咨询顾问，这不仅让别人反感，还让自己的工作能力越来越低，时间久了，注定会被淘汰出局。

因为懒惰，嫌麻烦，我们心安理得地麻烦别人，总觉得工作混一天是一天，没必要那么认真，可是你要知道，你在混工作的时候，工作也在惩罚你。

朋友荣是一家报社的记者，刚入职的时候，荣非常自卑，因为在强手林立的报社，她只是一名电大的毕业生。

和她一起入职的同事学历不错,报社给她们三个月的试用期。这名同事根本没有把荣放在眼里,只要遇到事情,她就去问同事,虽然有很多问题她明明知道是重复的,但她懒得查资料。

荣不同,她遇到事情会找同事请教,找到解决方法后,她会把问题的答案记到一个小本子上,绝对不会找别人请教相同的问题。她说:"这样记下来,印象就会深刻,不仅少了麻烦别人的频率,还能提高自己的工作能力。"

三个月试用期结束后,荣最终留了下来。在一次部门会议上,主任说:"学历并不能衡量一个人的最终价值,能独立解决问题,让自己的能力越来越高,这才是关键。"

## 03

有时候,我们会遇到这种情况,明明自己很努力,但到最后却什么也不会,还险些被公司炒鱿鱼,这到底是为什么?

靠别人的努力其实是一种假象,这种假象不仅蒙蔽了自己,还蒙蔽了大家。别人以为你水平很高,但只要让你独立负责一件事,你就会露馅儿,他们甚至不知道为何会有这种结果。

认真努力的少,胡乱努力的多,直接导致我们在同一个机会面前败走麦城。这是多么残酷的道理。

你的独立能力越强,那么你收获的肯定更多,当遇到失意时,别怨天尤人,你完全可以静下心来想想这到底是为什么。在职场中，聪明的人不会怪机会少，因为他们知道自己付出的有多少。

我在写作圈认识一个朋友，她真的非常努力，但几乎从来不上稿，为此她非常郁闷。她问我："你说写作是不是需要天赋，要不我为什么屡投不中？"一段时间的接触后，我才知道她为什么发不了稿子。

她写稿非常快，从来不看杂志要求，写完后就把稿子丢给编辑。当编辑让她修改时，她可怜巴巴地说："我真不会改，你可否帮帮我？"刚开始编辑还给她一个模板，但后来她每次都是这样。

然后就没有后来了，很多编辑不喜欢她，她的作家梦还没绽放就破灭了。这种人真的很可悲，写稿本身是自己的事情，自己不认真修改还能指望谁？如果一直期望别人，那么上不了稿也很正常。

## 04

当机会从身边悄然溜走，我们总能给自己找借口："身边的人，不都这样嘛，大家都混得不好，我也无所谓了。"

我们总想依靠别人来改变自己，总想让别人做自己的"拐杖"，时间久了，我们竟然连路都不会走了。

过了25岁，你怎么可以无限重复一劳永逸的生活？你不断地安慰自己，得过且过，从来不去认真努力，从来不去改变，这样有何意义？

人生会在不同的年龄阶段有不同的分水岭，你上了一所好大学，可能暂时比别人领先，但这并不代表你会一直持续下去，总想依靠别人走捷径的人注定会摔得更惨，社会是公平的，工作能力是永远不会背叛你的"好闺密"。

如果你在年轻时就想得过且过，那么又怎么会改变自己呢？走着走着，人和人的差距就拉开了，而机会永远眷顾那些依靠自己的人，他们的未来也一定会越来越好。

依靠自己并不代表闭门造车，而是在请教别人的同时学会思考，在思考中提高自己的工作能力，让自己能更好地胜任一份工作，让自己有更多改变的机会。

# 我们都曾不堪一击，
# 我们终会刀枪不入

## 01

王尔德说："这世上只有一件事比被人议论更糟糕，那就是没有人议论你。"

谁的青春不迷茫？谁的工作不委屈？大学毕业后，怀着满腔的热血开启一段难忘的人生，无论工作中还是生活中，我们都曾因为别人不怀善意的议论而难过。

但最后，我们终究挺了过来，为了心中不灭的梦想继续前行。

师兄华哥是一位创业达人，是我学习的榜样，但殊不知三年前，他穷得差点儿吃不起饭。当多数人的嘲笑蜂拥而至时，师兄没有半点气馁。

大学毕业后，华哥进入一家不错的国企，每天悠哉悠哉地生活，然而一年后，他不顾家里的反对，选择了辞职。母亲流着泪问他为什么，华哥没有回答，后来他和我说不知道当时该如何回答,说梦想好像太过于矫情。

辞职后,华哥马上开始了创业,在一没有资金二没有人脉的大城市,创业之路布满荆棘,但华哥仿佛打了鸡血,每天5点起床写策划方案,白天到处拜访客户,吃闭门羹是常有的事情。

有一次,华哥去一家科技公司,刚进去保安就走了出来,说:"别到处发广告,这地方不是你们这些人能来的。"

华哥一怔,继而说:"哦,我不是发广告的,是来谈合作的,我是……"华哥还没有说完,对方不耐烦地说:"谈什么合作,你也不看看自己什么德行。"

华哥还没来得及解释就被保安轰了出来。我问华哥当时的感受,他说:"我觉得这不怪保安,要怪就怪自己,自己当时太落魄了。"

## 02

路就在脚下,只要你选择迈步,就会离梦想更进一步。

华哥终于还是坚持了下来,无数个难忘的日夜,无数个挑灯夜战的时刻还历历在目,但无论如何,华哥终于实现了自己的梦想。

前几天我们一起吃饭,华哥说:"有梦想的人并不卑微,卑微的是有梦想却一直不迈步的人。"

成长的路上,谁不是受尽白眼,谁不是在别人的奚落中默默坚持，我们曾经脆弱过，会因为陌生人的一句话而难过，会因为别人的拒绝而痛苦，但这又有什么，风雨过后才有彩虹。

如果你没有受尽人后的苦，又有什么资格成功。

每一个曾经弱势的人，终究会强大起来，没有任何人能阻挡你前进的脚步。他们可以干扰我们，讲我们的坏话，甚至嘲笑我们，但夺不走我们努力下去的决心。

也许，我们的生活会暂时一塌糊涂；也许，我们的爱情充满波折；也许，我们的梦想遥不可及；也许，在面对生活中重大的变故时，我们会不堪一击，脆弱无比。

但这真的没关系，一个人只有在经历了生活的磨炼和洗礼之后，才会变得更强大。

## 03

在单位附近的咖啡店，我再次见到了安安，那个一直被别人嘲笑身材的女孩。时隔三年后，她还是那么丰满，在这个以瘦为美的时代，她的"胖"有些另类。

虽然她还是曾经那个样子，但是安安的心态彻底变了。她再也不会因为别人的嘲笑而哭鼻子了，也不会因为自己的身材而深陷自卑中。

我问她："没想过减肥吗？"她说："以前想过，也曾恨自己为什么会这么胖，但后来发现这种深深的自卑不会给自己带来半点好处，于是我开始试着改变。"

安安热衷于公益，她经常力所能及地帮助一些人，时间久了，这些人对安安的印象改变了很多，他们甚至觉得安安才是这个世界上最美的女神。安安说："一个人的外貌永远不会比自己的善良更值钱，我庆幸自己具备了后者。"

看到眼前这个女孩，我鼓励她加油！安安说："成长的路上注定充满意想不到的事情，但我有能力让自己变得更好，因为我已经穿上了刀枪不入的铠甲。"

一个人的行为里藏着自己的未来。面对曾经受过的苦难，我们完全可以微微一笑，因为生活就是这样，我们总要逼着自己继续成长，直到变成最满意的自己。

人生路漫漫，所有的嘲笑和磨难都会结成疤，在疤上开出花来。虽然曾经的我们都很懦弱，但终究会变得坚强。

## 04

初入职场时，我们都一样。我们都曾经柔弱无助、不堪一击，委屈的时候，只能躲到公司的洗手间里偷偷地掉眼泪，回家抑郁得吃不下饭，连做梦都会瑟瑟发抖。

无数次我们脆弱得几乎无力坚持，无数次我们痛苦地流泪，所幸最后，我们依然昂首站在岁月中央，有了铜墙铁壁般的铠甲。

有人说过："今天很难，明天更难，但是后天将是美丽的。"我相信只有人生充满乐观的心态，才会走过很难的今天和更难的明天。

我们都曾在寻梦的路上跌倒无数次，但庆幸的是我们终于坚持了下来，虽然没有太大的成就，但练就了云卷云舒的心态。纵使嘲笑像锋利的冰刃一样飞来，我们也会用坚硬的铠甲挡住。

我们曾经为梦想背井离乡，因为自己的经济实力尚不雄厚，因为自己的人脉还不够广阔，因为自己的内心还不够强大，所以，我们的寻梦之旅充满荆棘。每个人都会有最困难、最煎熬的几年，当度过了这几年，一切都会好起来，在此之前，让自己变得足够强大，让梦想成为支撑。

王尔德说："我们都生活在阴沟里，但仍有人仰望星空。"

这个世界上并没有一直阴霾的人生，只要你有在阴沟里仰望星空的决心。多年后，你再回头来看，就会发现当初别人的嘲笑与幼稚有多么不值一提。

是的，年轻的我们都曾不堪一击，但在岁月的洗礼下，我们终会变得刀枪不入。

## 不认怂，
## 生活就没办法撂倒你

### 01

人这一生，不如意事，十常八九。

没有谁的人生是一帆风顺的，也没有谁一直陷入绝境里没有出路，只要你勇于拨开云雾，那么自然会见到天晴。功成名就、实现自己价值的人只是比你多了坚持的钢铁意志。

他们知道破茧才能成蝶，百炼才能成钢，坚持下来就一定会迎来奇迹。

就算最后失败了也是一种成功，因为在这个过程中累积到的经验是价值连城的，当你重新有了机会，那么一遇风云自然会变化成龙。

### 02

诚然人生很艰难，在这条单行道上我们会遇到数不清的麻烦，但如果你轻易认输，那么结果只能是输得彻底。

真正的强者，是不会轻易认输的，如果一条路确实走不通，那么他们不会怨天尤人，而是寻找新的出路，重新实现自己的价值，虽然这很难，但只要在路上，就会有希望。

事实上真是这样，有多少人遇到困难，直接不去尝试就选择了放弃，又有多少人觉得自己是最倒霉的人，一辈子都不会有大出息，正是有了这种认知，才注定一生碌碌无为。

最近，在网上看到湖南长沙的一个采访，内心受到了强烈的震撼。

被采访对象是一位51岁的大叔，叫姚志刚，如果你觉得对方只是因为年龄大而受关注，那么就错了，被关注的原因是他曾当过银行行长。

一名银行行长，成了外卖员，这个落差得多大啊，可是大叔却做得风生水起，现在已经是某站的站长了，他的目标是做区域经理，果然不设限的人生会有很多奇迹。

如果没有辞职，姚志刚可能会过着按部就班的日子，成为别人羡慕的人生赢家，但因为辞职，一切都发生了变化，因为厌倦了银行里的朝九晚五，所以他选择和朋友一起创业。

但创业从来没有那么简单，再加之姚志刚什么也不懂，结果自然是失败了，他坚持了3年，攒的200多万打了水漂。

如果是别人，可能无法接受这个落差，意志也一定会消沉，觉得自己此生也就这样了，但是姚志刚不一样，他在寻求新的突破。

后来，他开始送起了外卖。大家都以为他不会干好，但没想到入职一个月后，他竟然成了所在站点的单王，年轻人都不是他的对手，实在让人可叹。

很多人觉得姚志刚的成功是偶然，实际上这是必然，因为他足够勤奋，永远不会认怂，即便失败了也能尽快调整自己，时刻保持一个好的心态，这样的人怎么可能不成功呢？

反观很多年轻人，遇到一点困难就放弃，觉得自己不是这块料，殊不知这放弃的不是自己的事业，而是拥抱成功的决心。

任何时候都要知道生活的残酷永远和美好并存，说它残酷，是因为它总会猝不及防地给你打击，说它美好，是因为只要你努力去拨开云雾，就会见天晴。

生而为人一定要记住，一帆风顺是生活的假象，跌宕起伏才是生活的真相，在未来的日子里，只要你不认怂，那么生活就没办法撂倒你，你的人生也会迎来奇迹。

## 03

遇到困难，大多数人会选择逃避，这是人之常情，但逃避有用吗？问题出现了，最好的办法是解决问题，而不是逃避问题，只有彻底解决了问题，才会有新的突破。

无论在生活中还是事业中，多坚持一点，可能不会有好结果,但如果你不坚持,那么一定不会有好结果。

生活实苦,我们要做的不是承受这份苦,而是把苦变成甜。

曾看过这样一个故事:

有一位瘦弱的女实习生,因为第二天的会议需要加班做一份文件,凌晨她独自一个人待在空荡荡的办公大楼里,顾不上害怕,手指在键盘上忙到起飞。

眼见就要做完了,这个时候电脑突然蓝屏了,这一刻女孩崩溃痛哭,她拍照发朋友圈求助,可是凌晨的朋友圈异常安静,并没有任何回复。

平复了一会儿后,女孩重新启动电脑,本想辞职,但仅仅是一瞬间,她又改变了主意,最后选择擦干眼泪重新再来。

这个时候,老板看到了她的朋友圈,他给女孩发信息:"会议延迟,你后天交吧,你可以转正了。"

收到老板的短信,女孩喜极而泣,原来自己的努力没有白费,她庆幸自己坚持了,如果不坚持,那么断然不会是这样的结果。

人生就是这样,给你一记闷棍的时候,会再给你一颗甜枣,但多数人在闷棍的敲击下已经无力翻身,就没办法拥有甜枣了。

在这个世上,容易向生活认怂的人会得到生活最重的惩罚,不认怂积极向上的人才是真正的王者。

余生不长,愿你曾吃过的苦照亮你人生的路,活成自己和别人羡慕的样子。

# 放下过去的人，
## 才能活好当下

## 01

如果你觉得人生悲惨的话，那么大学同学陈向阳的人生只能用惨上加惨来形容。

陈向阳个子不高，皮肤黝黑，正准备考研究生的时候，父母出车祸撒手人寰，5个月后，爷爷因为悲痛过度也离开了人世，他突然间成了一个孤儿。

伤心难过的陈向阳被迫选择了去工作，原本的人生规划因为家庭变故彻底地改变了。那段时间，陈向阳完全换了一个人，破罐子破摔，夜夜在酒吧里买醉，生活一塌糊涂。

他无心工作，不知道未来的出路在哪里，他就像一具行尸走肉，游走在这个尘世间。

当一切已成往事，就算再痛苦也无力改变了。陈向阳说："也许这就是命，人活在世上不认命不行。"

那段时间，我们为陈向阳感到惋惜，仿佛看到这个世界上多了一个流浪者。

没有人管他,他的生活也变得狼狈不堪,日子悄然从指缝中溜走,"振作"这两个字在陈向阳的字典里变得陌生。

当你不想去改变,放不下糟糕的昨天,那么永远不会迎来美好的今天和明天。如果不是那则广告,我想陈向阳现在还陷入糟糕的昨天里。

广告很短,讲述了一个人经过种种磨难最终逆袭的故事。最后的一句广告词深深地打动了陈向阳:"放不下昨天的磨难的人,不会有一个好的今天和明天。"

## 02

从那一刻开始,陈向阳想要改变,他不想继续陷在糟糕的昨天里自怨自艾,他想用尽最后的力气来拥抱这个崭新的世界。

他重新拿起了书本,又努力工作攒钱作学费。天无绝人之路,挺过去这段黑暗的时光,终究会迎来柳暗花明。

记不清奋斗了多少个日夜,陈向阳终于考上了心仪大学的研究生,之后又寻找到了适合的工作。

当你能忘掉曾经的痛苦,那么一定会迎来美好的明天。人一旦没有了退路,那么就只能全力以赴了。

陈向阳终于迈出了新的一步,目前他是当地一家房产策划公司的经理,完全有了自己的新生活,再也不是那个整天抱怨昨天的人了。

爱默生说："一个朝着自己目标努力的人，整个世界都会为之让路。"

事实上真是这样，我们很容易陷入曾经的苦难中无法自拔，觉得整个世界都骗了自己，再也不会去努力，只会远远地羡慕别人的幸福。

其实，过去的糟糕是对你的一种鞭策，不管你生活遇到多大的困难，你都要想办法改变，千万不要懈怠，更不要破罐破摔，生命是你自己的，没必要在乎别人的看法和眼光，你自己过得精彩比什么都重要。

只有敢于放下昨天的人，才有资格享受今天，拥抱明天。

既然结果已经这样了，那么我们就没必要悲伤了，聪明的人会放下这段悲伤，找出失败的原因，重新振作起来，争取实现自己的价值。

## 03

看过一句话，深以为然："放下过去，才能成就未来"。

著名作家史铁生曾是一个放不下过去的人，双腿瘫痪后，他觉得自己的整个人生都完了，把自己狠狠地装在套子里，觉得自己是这个世界上最悲惨的人。

很长一段时间，他对"走"和"跑"之类的字眼非常敏感，经常会莫名其妙地和母亲发脾气。有一次,母亲带着他去地坛里散步,为了逗他开心,母亲使出了浑身解数,当她不小心说了一个"跑"字后,便立刻不再说下去。

史铁生气地捶打自己的双腿。后来母亲去世了,她唯一放不下的就是这个残疾的儿子。一个人如果不想办法改变,那么注定是没有出路的。

幸运的是,史铁生改变了,他开始放下过去,积极地拥抱未来,也才有了后面的经典散文《我与地坛》。

一个人对过去的态度里藏着自己的未来,如果你能积极地忘掉过去,那么未来自然会非常美好,如果你抱着过去不放,那又怎么可能会有一个好的未来呢?

有人说,生而为人,上天早就设置好了一道道难关,有的人能用积极的态度对待这一切,而有的人则缩手缩脚,非常悲观。

当然,这两种态度也造成了不同的结果,有的人会摘下胜利的果实,而有的人依旧两手空空,最后被这个世界淘汰。

## 04

放下过去可能会很痛苦,会让一个人忍受生活的磨难,但请相信,风雨过后一定会有彩虹,也终有一天会靠自己破茧而出,绽放出惊人的美丽。

我佩服那些能够放下过去的人,因为这需要很强的毅力,需要不断地抽打自己，用尽所有的力量来成长，也只有这样，才会拥有一个美好的未来。

卢梭说："磨难，对于弱者是走向死亡的坟墓，而对于强者则是生发壮志的泥土。"而那些能够放下过去的人，没有一个不想做生命中的强者。

我一直觉得苦难是成功途中的考验。懦弱的人必然在苦难之下被淘汰，只有坚强的人才会走完自己想走的路程。过去的日子可能会让你很痛苦，让你暂时感受不到生活的甜，但请相信，等你尝完生活的苦，一定会迎来甜。

很喜欢周星驰主演的《武状元苏乞儿》，也被他的精神彻底打动。电影中他手脚经脉全断了，每天苟活于人世，痛不欲生。父亲为了让他振作起来，用尽办法，但他还是无法摆脱过去的痛苦。

后来，他终于振作起来了，也终究迎来了属于自己的美好。有句话说得好：不经历风雨，怎么能见彩虹。同样，如果不忘掉过去的痛，又怎么能迎接未来的幸福呢？

## 05

其实，很多时候我们不是败给了别人，而是败给了自己，遇到事情想得太多，不去改变，总觉得上天对自己不公平，给自己的苦难太多，从此以后就在这苦难里无法自拔，错失了很多想象不到的美好，会因为自己过去的碌碌无为，而拒绝拥抱未来的美好。

网上有个故事，有个人40岁之前什么也没有学到，他觉得自己就是一个十足的失败者，根本无法走出过去的泥泞。有一次他跟朋友说自己想学画画，但害怕年龄太大，最后失败。

朋友说："如果你不学，那么结果还是失败，如果你不能勇敢地迈出一步，那么结局一直是老样子，你永远是一个失败的人。"

事实上真是这样，有很多人就是这样，害怕失败不敢开始，陷入糟糕的昨天中，不能自拔。忘掉过去重新开始呗，大不了大器晚成。

拿破仑说："我们要放下过去，努力奋斗，有所作为。这样就可以说，我们没有虚度年华，会在时间的沙滩上留下我们的足迹。"

人生真的很短暂，我们完全没必要一直揪着过去不放，时间长了你会发现这样会害了自己，当你忘掉过去全力以赴的时候，就是花开的时候。

愿你是一个放下过去，拥抱未来的人！

## 挺过酷寒的严冬，
## 才有温暖的春天

### 01

和朋友小房已经六年没见了，这次见面他的变化让我大吃一惊，自己的辅导班办得有模有样，成了年轻人中的佼佼者。

六年前，小房很穷，穷到靠信用卡度日。一次我们一起吃饭，他说："大哥，我觉得自己没有未来，你看同龄人都买车、买房了，而我还是一无所有。"

他的父母是地道的农民，日出而作日落而息，根本无力给小房提供帮助，看到同龄人的生活，小房陷入了绝望中。

人生最难的并不是不努力，而是不知道怎么努力。

那段时间，他尝尽了生活的苦，原本以为这就是最坏的结果了，但没想到父亲却在这个节骨眼上犯了病。父亲生病的时候，小房彻底绝望了，那种叫天天不应、叫地地不灵的无奈他这一辈子也忘不了。

有人说，那些打不败你的事，终究会让你更强大，挺过苦寒的严冬，终究会迎来温暖的春天。那段时间小房想开了，他拼了命地努力，既然结果已经这样了，那么只要稍微前进一点点就是巨大的进步。

现在的他已经非常不错了，买了大房子，也买了车子，他说："我从来没想过自己会有今天的生活，感谢这些磨难让我的人生更加璀璨。"

事实上真是这样，当一个人熬过了苦难的底线，挺过了严寒的冬天，生活逼迫他不会再在无用的事情上浪费哪怕一秒钟的时候，等待他的就是阳光明媚的春天了。

## 02

每个人都有一段黑暗的日子，只有熬过那段黑暗，才能看到向往已久的黎明。

刚参加工作的时候，我特别穷，那段时间真的是穷疯了，信用卡欠了很多钱，买不起车子，也买不起房子，原本以为只要努力地工作就能实现梦想，但工资却经常让我捉襟见肘，那段时间极其痛苦。

很快我结婚了，可还是一无所有，不知道如何改变，更不知道自己的未来是怎样的。儿子出生后，我的压力更大了，在这个时候我选择了辞职，然后欠债近20万回家开批发超市，虽然很累，但至少能维持生计。

那段时间，我受尽了别人的冷嘲热讽，可我挺了过来，在生活面前，所有的一切都不重要了，超市运营了两年后，逐渐走上了正轨，我的生活也有了一点起色。

这个时候，我重拾写作，凭借强大的自律，短时间内上遍了大多数期刊。凭借一份要改变的决心，我经常奋战到深夜，终于我迎来了自己的春天。

寒冬真的不可怕，可怕的是你在寒冬面前缩手缩脚，失去了突破的勇气，如果你自暴自弃，那么生活也一定会陷入万丈深渊。

在人生的道路上，我们只有靠自己才能打拼出一条生路来，这条生路注定充满荆棘，我们要做的就是不要退缩，去迎头搏击，只有这样才能迎来人生的春天。

## 03

生活并不是一帆风顺的，很多时候会充满苦难，在苦难面前，我们甚至会暂时不知所措，会痛到怀疑人生。

有些人在苦难面前缴械投降了，有些人选择迎难而上，敢于亮剑。

我们都曾绝望过，都曾抑郁过，都曾找不到属于自己的未来，为生活的磨难而痛苦落泪过，可仔细想想，这些又有什么呢？

年轻是我们最好的资本，哪怕只有一丝机会，我们也要奋力改变，在这个世界上除了我们自己，没有任何人能帮助我们。有人看你笑话，有人给你的生活设置障碍，但这一切根本不重要，只要你想改变，那么一定会实现。

苦难的生活环境确实让人感到绝望，但如果你具有坚强的意志，具有积极进取的精神，发奋努力，就一定会克服这些困难，让自己的人生更加辉煌。

如果你现在正在遭遇寒冬，那么请一定要坚持，只要你握住命运的铁拳，那么一定会击中生活的要害，让你的人生大放光彩，用最好的姿态拥抱美丽温暖的春天。

# 第三章 Chapter 3
## 别说怀才不遇，可能是怀才不够

# 人要过自省的人生

## 01

乔布斯在斯坦福大学演讲时曾说:"物有所不足,智有所不明,我总是以此自省。"

因为懂得自省,乔布斯创造了一个传奇,也正是因为自省,他实现了自己的人生价值。我们这一生会遇到各种失败与磨难,不同的是有的人怨天尤人,指责别人,而有的人则从自己身上找原因。

时间久了,你会发现,懂得自省的人路越走越宽,怨天尤人的人路越走越窄,最终让自己的人生之路更加艰难,最后一事无成。

说到底,懂得自省是一个人宝贵的财富。

## 02

大学毕业后,表妹选择考研,虽然她很努力,但第一年并没有如愿以偿。

这要是换作别人可能早就抱怨了，但是表妹没有，她没有怪自己运气不好，也没有怪题出得太刁钻，她觉得这完全是因为自己的知识不牢固。

虽然失败了，但表妹没有选择缴械投降，而是深刻反思自己，继续努力，积极备考。凭借高度自省和持续的努力，在第二年的时候她顺利过关了。

春节期间聊起这个事情，大家纷纷对表妹竖起了大拇指。面对众人的夸赞，表妹非常淡然，她告诉我们，如果失败了不懂得从自己的身上找原因，那么结果只能是持续失败。

事实上真的是这样，我们一直说失败是成功之母，之所以这么说，是因为如果懂得在失败中总结经验教训，那么便能更好地拥抱成功。

拿破仑曾经说过："不会从失败中总结教训的人，离成功是遥远的。"

一个遇到问题懂得从自己身上找原因，努力调整自己的人运气自然不会太差，他也一定会有美好的未来。

生活中，我们会遇到很多优秀的人，这些人并不是不会犯错误，而是犯错后懂得时刻反省自己，同样的错误不会让自己犯两次。

刚开始自省，可能感觉没什么，也看不到有什么回报，但时间久了，你会发现自省会潜移默化地影响自己，会让自己少走很多不必要的弯路，会更好地实现自己的价值。

关于自省，网上看到一句话，深有感触：

"人最大的劣根性，就是双眼都用来盯着别人和外边的世界，难以自检。所以，我们应该用一只眼睛观察周围的世界，另一只眼睛审视自己。"

越来越发现，人生就是一个和自己较量的过程，当你懂得了自省，能深刻地认识自己，那么未来的路真的不会太差。

## 03

遇到事情，很多人首先做的是从别人身上找问题，比如开车出了问题，先抱怨车不行，从来不考虑自己的技术。

记得有一次和妻子逛商场，有个司机倒车怎么也倒不出来，我上去帮忙倒了出来。当车倒出来的时候，这位司机说："都怪这破车，要是好车我早出来了。"

他说完后，我没有反驳，和一个不懂自省的人，真的无法沟通。不懂自省的人很可怕，明明是自己的问题，偏偏还怨别人，这样的人怎么可能有好的未来呢？

关于自省，曾看过这样一则寓言故事：

有一只狐狸在翻越围墙的时候，不小心滑了一脚。眼看就要从高空中摔下去时，它一把抓住了旁边的一株蔷薇，才保住一命。

狐狸保住了命不仅没有感恩蔷薇，反而埋怨蔷薇划伤了自己。面对狐狸的指责，蔷薇没有说话，只是笑了笑，因为它知道跟狐狸无法沟通。

每个人都想走好未来的路，都想有一份完美的事业，但如果你不懂得自省，那么很难成长，就算机会摆在面前，你也抓不住。

当一个人遇到事情时，懂得反躬自省、静思己过，而不是一味地遮掩、逃避、推脱，那么他就赢了，也一定会实现自己的价值。

鲁迅先生曾说："我的确时时解剖别人，然而更多的是无情地解剖我自己。"

正是因为无情地解剖自己，鲁迅才成为一代文豪，成为别人学习的榜样。倘若没有自省，他很可能达不到这样的高度。

作为成年人，任何时候都要知道，人生最大的敌人不是别人，而是自己，战胜自己就等于战胜了整个世界。

## 04

自省说起来简单，但是做起来真的很难，因为没有人愿意拿自己开刀，把自己的问题暴露在大庭广众之下。

法国著名牧师纳德·兰塞姆的墓碑上刻着这样一句话："假如时光可以倒流，世界上将有一半的人可以成为伟人。"

很多人不明白什么意思，有位智者表示就是不懂自省的意思。只有时光倒流了，这些人才会意识到自己的错误。但如果懂得自省，早点发现自己的错误，又怎么可能不会取得成就呢？

人生是一条有去无回的单行道，每个人都会犯错误，但犯了错并不可怕，可怕的是你不承认错误，一意孤行坚持到底，最终害了自己。

如果你仔细一点定会发现，这世上凡是有点成就的人都是懂得自省的人，他们会不断地调整自己，让自己变得更优秀。

《孟子》有云："行有不得，反求诸己。"

这句话就是对自省最好的写照，遇到困难了，没必要求别人，完全可以求自己，因为自己才是最好的老师，懂得自省了，事业何愁不成功。

看过一句话，特别喜欢：

"自省，是自我完善的必经之路。一个人唯有懂得反观自身、躬身自省，才能主宰自己的心灵和命运。"

余生不长，愿我们懂得自省，活成自己和别人都喜欢的人！

# 有一种自律，叫不抱怨

## 01

俗话说，万般皆是命，半点不由人。

这句话看起来很消极，但事实不是这样的，虽然很多事情看似是注定的，但只要你去积极面对，就会有不一样的结果。

我们可以信命，但不能认命，这是两个概念。

如果你遭受了生活的苦难，心里永远无法逾越这个坎儿，那么最后痛苦的就只能是你自己，但如果你不屈服，积极去改变，那么结果真的不一样。

被命运拴着的人最终都会受到命运最严厉的惩罚。

你可能觉得改变命运很难，实际上不是这样的，只要你足够积极，不去抱怨，你的人生就会足够精彩。

## 02

相信你和我以及身边的大多数人,都抱怨过命运,如果命运没有按照自己的想法走,那么就会痛苦,觉得自己是世上最悲惨的人。

你抱怨命运的时候,命运也不会给你好的回馈。

请允许我讲个故事,这个故事是关于我两个朋友的,一个叫有亮,一个叫张齐。他们两个的家庭状况差不多,如果没有特殊情况,那么他们的未来也应该差不多。

但是很遗憾,他们两个人的命运大相径庭。

先来说有亮,他一直活在抱怨中,虽然在这个家庭里,父母竭尽所能,但是有亮就是觉得命运不公平,如果让他生在一个好的家庭里,那么或许不是这样的结果,他可能有好的事业,好的婚姻乃至好的人生。

但很遗憾,父母都是地道的农民,平常的日子都过得紧张,上大学的费用都是凑出来的。有亮在大学里看到同学们都有手机,他就更难受了,不明白命运为何会这样。

由于想了很久都没有想通,他最后选择了认命,既然命运注定是这样,那么还改变什么呢?与其这样煎熬,还不如接受。

就这样,有亮向命运屈服了,他欣然地接受了命运,到现在也一无所有,好不容易拿到大学毕业证,找工作更是费劲,他开始了按部就班的生活,心中也一直被抱怨充斥。

反观张齐则是另外的命运，本来他的命运和有亮的差不多，父母也是农民，也没有多大本事，但他不像有亮一样抱怨，而是努力去改变。

上大学之后，他严格要求自己，因为知道以后想要什么样的生活，所以才会拼尽全力，在这份努力下，他的命运发生了翻天覆地的变化。

在大学里，他就一直拿奖学金，还没毕业就被学校推荐就业，总之所有的一切看似很戏剧性，但实际上是他努力的结果。

现在的张齐是一家企业的中层领导，深得大领导的器重，未来不可限量，他真的是用低点奋斗出了一个绝地反击的故事。

如果他一直抱怨，那么断然不是这个样子，生活也不会这样，幸运的是他没有抱怨，因为知道自己内心的渴望，所以全力以赴了。

坦白来说，抱怨真的太可怕了，它会让一个原本信心十足的人变得丝毫没有信心，会让一个能改变命运的人向命运屈服。

## 03

相信命运并不代表不能改变命运，你完全可以改变命运，给自己的人生带来足够的精彩。任何时候都要知道，抱怨真的会害了你，会让你的一生都陷入黑暗中。

以前看过一篇寓言故事，感触很深：

在河流中有一种鱼，它游泳速度特别快，一般活跃在深水区，但是这种鱼气性特别大，遇到事情首先想到的就是抱怨。

一次，它在河里快速地游着，没想到突然撞到了桥墩上，这个时候它生气极了，就使劲去撞桥墩，撞得眼冒金星，然后气鼓鼓地漂浮在水面上。这个时候正好有水鸟飞过，它看到有鱼，自然是饱餐一顿。

试想一下，如果这条鱼不抱怨，撞了一下就算了，然后快速地离去，那么又怎么可能会成为水鸟嘴里的美食呢？如果它能控制住自己，那么也不会酿成丧命的悲剧吧？

可是这一切又能怪谁呢？还不是只能怪它自己，这一切说到底都是咎由自取。

## 04

《不抱怨的世界》里有这样一句话：

"抱怨就好比口臭，当它从别人的嘴里吐露时，我们就会注意到。"

实际上真是这样：抱怨除了让事情变得更加糟糕外，没有任何用处。在未来的日子里，你只有不抱怨，才会赢，才能让人生足够精彩。

人生苦短，愿你懂得抱怨的危害，做一个不抱怨的人。

# 你以为的勤奋，可能是在瞎忙

## 01

现实中，赚钱多不一定付出多，有很多年轻人一直拼命地付出，但结果却不忍直视，与人们所说的"越努力，越幸运"背道而驰。

为什么会这样呢？这说到底就是方法和眼光的问题。

认识两个自媒体作者，一个特别勤奋，但是赚钱并不多；另一个跟勤奋不沾边，但钱却赚得多。赚钱少的朋友跟我抱怨，觉得这一切太不公平，甚至想放弃写作。

后来我才知道原因在哪里，赚钱少的喜欢赚快钱，不仅写文不用心，而且也不摄入知识，自己的知识面特别匮乏，写的东西完全没有深度。

赚钱多的朋友不仅特别注重文章深度，还会拿出一定的时间修改、打磨文章，虽然量上不去，但是质却非常棒，文章自然会卖一个好价钱。

靠量生存的人付出很多，赚取很少，时间一长自然身心疲惫；而靠质取胜的因为耐心打磨文章，写作水平和稿费都有了大幅度提高。

俗话说，磨刀不误砍柴工。但现在很少有人磨刀，而是急于砍柴，不仅如此，因为一开始领先，他们还觉得磨刀的人特别愚蠢。

但随着时间的推移，结果显而易见。

## 02

其实，不单是写作，各行各业都是这样，看起来付出多的未必能赚很多。

当你还在考虑月薪时，很多人已经开始计算时薪了。你抱怨老天偏心的时候却从来没看到别人付出了多少，忍受了多少寂寞和痛苦。

很多人容易陷入一个怪圈，觉得自己很努力，殊不知这种努力不过是无效的努力，方式错了，越用力结果反而越糟。

有个朋友工作十几年了，没想到在公司的裁员大潮中下岗了。朋友想不通，觉得这些年工作兢兢业业，就算没有功劳也有苦劳，老板的做法太让自己寒心了。

但反过来想一下，职场不是慈善机构，老板也不是你的知心好友,老板要的永远都是利益,如果你不能给公司带来利益,还要消耗公司的资源,那么他又怎么会留下你呢?

朋友这十几年一直在混日子,他以为自己抱了个铁饭碗,殊不知自己手里拿的不过是个瓷饭碗,说不定在某一刻就会摔得粉碎。

一个人如果不学习,一直混日子,那么结局一定是悲惨的。

如果一个人的忙碌没有产生价值,那么这些忙碌没有丝毫意义,就像这位朋友十几年的工作一样,不过是一种内耗。

## 03

有时候,我们看上去似乎很忙,殊不知不过是在瞎忙。

每天到公司里面不知道自己做什么,对工作也没有丝毫的规划,经常是东做一下,西做一下,这样混着混着一天就过去了,下班的时候才发现自己什么也没有做成。

可怕的是这种忙碌会给自己造成一种假象,觉得自己是公司的功臣,因为自己把时间都花在公司里了,殊不知这种忙碌是老板最不需要的,老板需要的永远是高效的忙碌。

高效的忙碌有两个重要的评判标准。首先是产出与投入(例如时间和金钱等)之间的比值,比值越大效率就越高,价值感也会越高。其次是结果与目标之间的一致性,也就是说付出与获得是否成正比,这点特别重要,如果你努力的方向偏离了轨道,那么所有的努力都会白费。

很多时候,你的价值不是体现在自己眼里,而是体现在别人眼里,别人从来不考虑你付出的过程,只会关注结果。做好了会得到掌声;做不好,就算再努力,也得不到赞同。

我们一直想做优秀的人,但最后却发现自己是平庸的人,而事实上优秀和平庸之间差距微小。优秀的人能把一件事做到极致,而平庸的人喜欢做太多事,但每一件都做不好。

一个人如果保持有效的努力,能把一件事做到极致,那么就是一种成功,其价值感也会完全凸显出来,成为别人学习的榜样。

## 04

美国作家米哈里·契克森米哈赖在《心流:最优体验心理学》里提出"心流"概念,即做某事时进入全神贯注、投入忘我的状态,做完后充满能量且非常满足。

这说到底就是一种真正的忙碌,这个时候人产生的价值也是巨大的。而那些优秀的人一定会利用好这个时间段,让自己的价值最大化。

哥伦比亚大学的乔西·戴维斯博士,在《每天最重要的2小时》一书中提出,当生理系统处于最理想的状态时,每个人都可能表现出令人惊讶的理解力、情感控制力、解决问题的能力、创造力和决断力，但其实这种时间段不会持续太长。

人与人之间一开始的差距是很小的，但后来却越拉越大，原因在于能力高的人懂得利用好时间，会让付出得到最大的回报，而普通人却不这么认为，他们在很多时候都是在浪费时间。

能力高的人会用好一天中效率最高的2—5个小时，在自己状态最佳的时候，让价值最大化，余下的时间，才会去考虑那些不太需要策略性的工作。

一个人只有仔细考虑如何花费时间和精力，才不会陷入瞎忙的怪圈。只有对工作、见识或长期目标都有一个良好的规划，才能更好地实现自己的价值，共勉！

# 别说怀才不遇，
# 可能是怀才不够

## 01

我有个朋友特别有意思。

大学毕业后进了一家报社实习，一直抱怨领导不给他上稿的机会，觉得自己怀才不遇。

有一次，他指着报纸上的一篇稿子和我说："你看到了吗，这么烂的水平，领导就让上稿。我的水平比这强多了，却没有机会，真是愁死了。"

我劝他冷静下来等等机会。

后来，领导派他去做一个采访，他非常高兴，感觉大展拳脚的机会终于来了。可是采访完之后，他突然发现自己根本不会写稿，不是逻辑不行，就是结构有问题；不是语言不行，就是风格有问题。这一刻，他终于明白自己还有许多需要学习的东西。

很多时候，我们抱怨自己怀才不遇，觉得目前的工作根本配不上自己，只要给我们机会，就能一飞冲天。我们一直以为自己缺机会、缺伯乐，所以才没发展成自己想要的那个样子，但凡有了机会，就能一鸣惊人。但当机会真的来了，我们却又不知所措。

与其一直抱怨自己怀才不遇，还不如认真努力，提高自己的技能，克服困难。如果你这样坚持下来，才可能会有出头的机会。

02

同学小王就是个一直抱怨自己怀才不遇的人。

他是一家房产策划公司的老文案员，大学毕业后，他就在这家公司干。看着身边的同事一个个升职加薪，小王心里愤愤不平。

他在微信上和我说："和我同期进来的同事都升职加薪了，很多人学历没我好，能力也就那样，不知道领导是怎么想的，我真是怀才不遇啊！"

刚来单位的时候，小王心比天高，发誓一定要混出些名堂。很多基础的工作他根本不屑于做，总觉得以自己的能力，应该做更重要的。

因为刚来单位，领导不敢把重要的工作交给他，每次都会给他一些小活儿，小王就马马虎虎应付了事。时间久了，领导再也不会给他活儿了，他自然也就失去了表现的机会。

有人说，怀才就像怀孕，时间久了才能看出来。一个人只要认真努力地做，自然会得到领导的赏识。倘若你有真本事，那么一定会得到重用。

千万不要好高骛远，抱怨自己怀才不遇，这样只会让自己更加被动，失去原本应该有的机会，到最后一事无成，虚度了光阴。

## 03

一个一直抱怨自己怀才不遇的人，必然不会有好的前程。因为他从未在自身上找问题，也不相信结果是自己造成的，更不会踏实地做好眼前的事，觉得这些小事对自己来说太低级了，反而在别人的进步中，不断地用怀才不遇安慰自己。

事实上，抱有怀才不遇态度的人对自己极度不负责。他们一直在寻找机会，但从未为这个机会做好应有的准备，一旦获得渴望的工作，就会漏洞百出，彻底露馅儿。

怀才不遇看似很有道理，很多时候却不过是自我安慰的一种精神胜利法。一直抱有这种态度的人，很难认清现实，朋友小李就是这样。

他和大学同学进入同一家单位，两人专业水平都差不多，但是同学会认真完成老板交代的工作，而小李则一直在抱怨，觉得老板安排的工作太小儿科了，所以根本不想做。

后来，同学越做越好，深得老板赏识，而他却被炒了鱿鱼。

抱怨怀才不遇的人可能不会觉得小事有多重要，但你要知道，每一件大事都是由无数件小事组成的。只有脚踏实地地认真做好小事，你的"才"才会慢慢凸显出来，才会得到重用。

这世上没有怀才不遇的人，只有怀才不够的人。

# 真正的自律，
# 是懂得叫醒自己

## 01

你和我以及身边的大多数人经常会有这种状态，明明知道做一件事对自己特别有好处，但是却只有三分钟热度，刚开始特别上心，但随着时间的推移，一切都结束了。

尽管非常渴望变好，但当真正去做的时候，真的很难坚持，这说到底就是缺乏自律。自律的核心并不是你去做，而是你能否一直去做，这就牵扯到自身的问题。

简单来说，倘若你不懂得叫醒自己，时刻给自己鼓劲，那么很难有所作为。

你可能觉得自律会吃苦，不自律能享受生活，但实际上不是这样的，自律吃的苦是暂时的，不自律吃的苦则是长久的。

当你后悔的时候，一切都晚了。

一个人若是对自己没有足够的狠心，那么很抱歉，也不会有好的未来。

## 02

身边有这样一类人,他们夜行几千里,但是醒来一看却在床上,这种人简单来说就是空想、不自律的人,他们做的最多的事情就是自己骗自己。

明知道减肥对身体有好处,但是他们却不会去做,不仅如此,还会给自己找各种借口,殊不知这样做只会搬起石头砸自己的脚。

这点,朋友波波体会颇深。

波波很胖,从五年前他就嚷着减肥,但是很遗憾,到现在他依然很胖。我们都知道减肥就是管住嘴、迈开腿,但是他做不到。

我问他为什么,波波表示减肥太累。他的理由很简单,一个人带着这么多肉锻炼肯定会很累,与其这样累,还不如好好享受。

坦白来说,对这个理由我实在不敢恭维,就算有道理也不能这样想,因为肥胖会有很多影响,首当其冲的就是对身体的影响。

当肥胖影响身体健康了,那么肥胖程度就变得很严重了,倘若还不重视,那么会出大问题。

好话我说了一堆,但波波总有自己的坚持,后来我也索性算了,因为你无法叫醒一个装睡的人,他不是不知道危害,只是不想面对。

也许在未来的日子里，波波会想明白，会真正懂得肥胖的危害，也许只有经历过才真正懂得，但那时很可能就晚了。

身体是基础，如果一个人不重视自己的身体，那么所有的东西都没有意义了，自己酿成的苦果也只能自己尝。

诚然，自律确实很苦，但只有苦过之后甜才变得有意义，变好从来不是一件容易的事情，需要你全身心地付出。

这个过程会充满煎熬，但结果一定是美好的，在未来的日子里你也一定会感谢曾经自律的自己，最终得到自己想要的人生。

## 03

在这个世上，很多东西我们都想要，但想要和得到中间是有一道鸿沟的，这道鸿沟就是做到，如果你做不到，那么所有的一切都无从谈起。

当你对自己足够狠，那么就一定会有奇迹。

有个朋友大学毕业之后想创业，他知道创业很难，但从来没有想到会这么难。他在创业的道路上陷入绝境，不知道何去何从。

所有的人包括父母都劝他放弃，希望他能安稳地上个班，过最普通的生活。

其实对于大家的建议，他也想过，也不知道自己折腾来折腾去到底有什么意义，但最终还是无法说服自己，于是继续选择坚持。

当然坚持的路很苦，他可以忽略任何建议，也可以忽略任何人的情绪，但唯独骗不了自己，他必须说服自己坚持，否则他就不会全身心地投入，一旦放弃，那么后果自然很差。

那段时间，他把自己关在屋子里，努力克服一切，后来他不再抱怨，而是努力去做，失败了重来，再失败继续重来，正是因为毅力，他真的成功了。

很多人会羡慕你人前的风光，但很少有人会羡慕你人后付出的努力。

背后的努力靠的就是自律，朋友表示自己当时想得很简单，如果没有成功，那么就是做得不够。正是凭借这点，他终于得到了自己想要的。

有时候，很多人弄不明白为什么要自律，也不知道自律的重要性。

曾在网上看过这样一句话，瞬间被击中了：

"之所以自律，是因为总得给自己选择一种持之以恒的生活方式，总要给自己的生活赋予某种意义，这样的人生才有价值。"

真的很赞同这句话，所谓自律，就是等回忆往事的时候不因碌碌无为而悔恨，不会后悔虚度了人生。

人生这条路很长，希望在未来的日子里，你能做一个自律的人，遇到事情不拖延、不懈怠，只有这样，你才能得到自己渴望的人生。

自律很苦，但请相信，苦过之后就会有甜，人生也能足够精彩。

# 知命者不怨天，
# 知己者不怨人

## 01

生活中，由于每个人的脾气不同，阅历不同，人生遭遇也不尽相同，每个人都会或多或少地有抱怨。

殊不知，抱怨是最无用也最无能的方式，它只是一种负能量，一种会慢慢放大的负能量，如果不能及时制止，将会让你一步一步走向人生的歧途。

前几天，偶然在《淮南子》上看到一句话："知命者不怨天，知己者不怨人。"我对这句话深有感触，这句话的意思是：能认识形势的人不埋怨天命，能认识自己的人不埋怨别人。

人这一生最可悲的就是认识不到自己的短处，看不到时代的变化，当事情的发展偏离自己的人生轨道时，就会怨天尤人，觉得整个世界都对不起自己。

只有认不清形势和自己的人才爱抱怨，这样的人穷其一生也不会有大出息。

## 02

有的人抱怨时运不济，抱怨上天不公；有的人抱怨爹妈没让自己长个好脸蛋，抱怨没有出生在一个好人家。他们成天牢骚不断，满腹愁心肠，活得非常憋屈。

我们之所以对生活充满了抱怨和吐槽，是因为我们的生活里没什么大事儿。我们不仅认不清社会的形势，而且也不敢承认自己的不足。

那些真正强大的人都是走过荆棘的人，就算步履维艰，也一定会笑着面对，因为他们清楚如果试着去改变，或许还有转机，但如果充满埋怨，那么就再也没有机会了。

## 03

表姐夫比我大一岁，八年前他是一名修车工，脸上整天满是油污，原生家庭的穷让他明白了靠自己的重要性。

这世上每个人都想过啃老，但当父母一无所有时，我们除了绝望就只有绝地反击了。

在命运穹顶的压迫下，表姐夫选择了反击，不知道结果会怎样，他只知道用力地走下去，哪怕未来的路充满艰难险阻。

如果你没有穷过，你永远体会不到那种撕心裂肺的痛，当你闹脾气不想吃糖时，他们连舔一下糖纸的机会都没有。结婚后，姐夫所有的家电都暂时赊账，找不到未来的方向也看不到希望。

闭上眼睛，黑暗像一只猛兽张牙舞爪地跑来，来不及躲避。在命运的压迫下，姐夫选择了迎难而上。

结婚两年后，姐夫看到大理石装修比较赚钱，因此便想组建自己的装修队伍，但是那个时候手里一分钱也没有，周围的亲戚也帮不上忙。

一天晚上，姐夫对表姐说："不行，我们先找银行抵押贷款吧。"表姐说："你确定有把握吗，如果有我们就赌一把。"姐夫没有说话，而是陷入了沉思中。他知道如果失败了，自己以后的日子会更加难过，但如果不去做，那么连机会都没有。

最后，姐夫选择了赌一把。那段时间他拼了，每天早出晚归，累到虚脱，好在那年行情不错，他们终于翻了身。

我问过他当时为什么要那么坚持，他说："既然命运不公，那就要想办法改变，虽然上天让我光了脚，但我也要穿上锃亮的皮鞋。"

尼采说："不要忍受生命，我们要热爱它。"当一个人具备良好的品格、优良的习惯、坚强的意志，是绝对不会抱怨命运的，更不可能被它打败。

## 04

曾国藩说："人生有可为之事，也有不可为之事。可为之事，当尽力为之，此谓尽性；不可为之事，当尽心从之，此谓知命。"

不论在生活还是职场中我们经常会遇到一类人，这类人完全以自我为中心，当出现问题时，他们要么很快把责任推给别人，要么就对别人充满抱怨。

一个真正成熟的人，一定会看到自己的短处，会为了自己的短处尽力做出改变，遇到问题会先从自己身上找原因。

两年前，报社有一位实习生，她虽然工作非常努力，但最后还是没有转正。平心而论，这位实习生能力不错，但出现问题后，她总喜欢把责任推给别人。

有一次同事带她出去采访，回来后让她撰写稿件，见报后出了一点问题，同事问她原因，她一脸抱怨说："早知道你写好了，我也不会成为大家的笑柄了。"她说完后，同事哭笑不得，明明是自己犯了错误，还抱怨别人。

如果一个人不能从自己身上找原因，那么一定会被周围的人排斥，因为他们发现这样的人是自己生命里的一颗定时炸弹，很可能在某一个瞬间把自己炸得粉身碎骨。

哲学家南丁格尔说："我们拥有的一切都是自己造成的，可是只有成功者才会这样承认。"失败者只会把原因归结到别人身上。

## 05

罗曼·罗兰说过，有的人二三十岁就死了，他们在自己的影子中不断复制自己。

怨天尤人是一把锋利的刀，不仅会割伤自己，也会顺带伤害别人。与其顾影自怜，喋喋不休地抱怨，不如努力思考，寻求改变，这样才能发现生活中那些被自己忽略的美。

师兄王哥辞职创业，但一直没有成功，跟他合作的人都觉得他充满负能量。他抱怨自己时运不济，抱怨别人都不行，唯独没有看到自身的不足。他完全活在自己虚构的精神世界里，创业三年最终一事无成。

一个人如果看不到自己的不足，内心整天充满抱怨，那么等待他的只有失败。

失败的原因并不是他能力不行，而是他的抱怨和无知让他永远找不到事业的突破口，只能在浑浑噩噩中熬着自己的时间，瓦解掉自己的意志。

有时候，与其怨天尤人，还不如好好想一想，我们为什么会变成现在这个样子，这一切完全是自己造成的。真正聪明的人，一定能认清自己，不断调整方向，最终实现自己的价值。

# 执行力，拉开人与人之间的距离

## 01

总说要开始减肥，可是几个月过去了没有丝毫进展，减肥成了一句口头禅；发誓要早睡早起、努力读书，可刷完手机不经意间已经凌晨两点；下定决心要攒钱，来实现自己微小的梦想，可每月花呗照样还款；总和别人谈及自己的理想，却从来没有实现的动力。

你以为这样的人是少数，却没想到大多数人都是如此，你和我以及身边的大多数人都是每天定目标，只停留在说的层面。

这归根到底就是执行力弱的缘故，时间久了，距离自然拉开。

马克·吐温有一句话说得很有意思，他说："你挣得了安适的睡眠，你就会睡得好；你挣得了很好的胃口，你吃饭就会吃得很香。无论怎样你得规规矩矩、老老实实地挣一样东西，然后才能享受它。你决不能先享受，然后才来挣得。"

这句话很好地诠释了执行力的重要性，在这个世界上我们想要的东西太多，但真正去做的却很少，在任何时候，我们都能找出冠冕堂皇的理由，而这个理由无非是为自己的懒惰寻找新的借口。

那么什么是真正的执行力呢？

个人觉得，真正的执行力不是冲动的决定，而是强有力的行动和长久的坚持，想得到某件东西就努力去做，在遇到挫折时依然不会退缩，努力坚持下来，终究会取得想要的成功。

没有执行力的人，注定一事无成，连开始都不敢的人又有什么资格得到命运的垂青呢？

## 02

《肖申克的救赎》这部电影大家应该很熟悉，其实它就很好地诠释了执行力的问题。

年轻的银行家安迪被冤枉杀了他的妻子和妻子的情人，然后被捕入狱。除了自己，没有人相信他是被冤枉的。那么问题来了，是在监狱里默默等死还是重新获得自由，安迪面临一个艰难的选择。

如果接受命运的安排，那么就老老实实地待着，把一辈子美好的时光都浪费在暗无天日的牢房里；如果要重新获得自由，那么就要想方设法去争取。

思前想后，他决定重新找回自由。可是在守卫森严的监狱里想获得自由难如登天，但他并没有被吓倒。

最后，他想到了挖地道逃生，这或许是唯一的出路。要挖地道就要有工具，所以他通过监狱的伙伴获得了工具，然后开始了自己漫长的逃狱计划。

他很快付诸行动了，但这只是执行力的一半，付诸行动其实很简单，长久地坚持却非常难，如果不是心中有一个强大的信念，那么很有可能半途而废。

安迪知道，这次逃狱的计划风险太大了，如果被发现，可能会马上丢掉性命，但是出于内心对自由极度的渴望，所以他选择了努力坚持。

终于，凭借这份超强的执行力，他重获自由。

很多时候，人和人都是一样的，都是两个肩膀扛着一个脑袋，但为何最后却千差万别，这就是执行力不同的缘故。有些人想到了，但是不去做；有些人去做了，但是坚持不下来；有些人想到了，也去做了，也坚持下来，成功自然会到来。

## 03

其实，很多人都是这样，总觉得开始晚了，但真的晚了吗？还不是不想行动，怕自己坚持不下来，这说到底就是执行力的问题。

如果你有极强的执行力，那么这世上没有你做不成的事情。

想考研，那就努力开始学习，坚持下来，就算第一年败了，还有明年，时间还有，就怕你不付诸行动。

想减肥，那就管住嘴、迈开腿，坚持下来，千万不要说说而已，因为时间久了你就懈怠了，哪怕只是瘦掉一点点，总有瘦下来的时候。

三毛曾说："等待和犹豫是这个世界上最无情的杀手。"

你可能一直在等待一个合适的时机而迟迟不敢开始，但我反而觉得这就是懦弱的表现，我们还年轻，为什么不让自己疯狂起来？

美国ABB公司原董事长巴尼维克曾说："一个企业的成功5%在战略，95%在执行。"第一时间行动起来，解决问题，把握细节，把战略不折不扣地执行下去，才是企业的生存之道。

企业是这样，人何尝不是呢？

一个人能否获得成功也关键看他的执行力，换句话说，一个人的执行力决定了他的人生高度。

## 04

执行力不同，人与人的距离自然就拉开了，从开始的一点点到最后的相差甚远，最后会让你悔不当初。

所以说，提高执行力是你与别人抗衡的唯一筹码，那么怎么来提高呢？我觉得主要在三个方面：

一是先计划再行动，多考虑应该做什么，少考虑能够做什么。

很多人可能觉得，执行力就是马上去做，这其实是错误的。在做某件事之前，一定要计划好，考虑到做这件事的方法，而不是两眼一抹黑地乱做。

也不要好高骛远，而是用有限的时间考虑自己应该做什么事，努力地提升自己。

二是做好时间管理，做自己的主人。

我们没有必要和别人比，只要能做好自己的事情就足够了，时间管理很重要，这对执行力有很大的影响。

假如你想通过跑步来减肥，那么就要设定一个时间，在多长的时间里跑多少米，而不是不加考虑地乱跑，否则只会浪费你的时间，让行动力大打折扣。

三是想获得成功，就要把小事做细、做透。

生活中有很多人对小事不屑一顾，殊不知有时候一件小事可能会影响大局，所有的大事都是由无数件小事组成的，当你把小事做透的时候，大事自然也会做好。

无论怎样，如果打算做一件事，那么就在付诸行动后努力地坚持，我相信上天一定不会辜负你所付出的努力，人生没有白走的路，每一步都算数。

## 05

《拒绝平庸》里有这样一句话:"很多时候我们为什么嫉妒别人的成功?正是因为知道做成一件事不容易又不愿意去做,然后又对自己的懒惰和无能产生愤怒,只能靠嫉妒和诋毁来平衡。"

在这个世界上,每个人都在不断成长,很多时候我们会自以为是地认为伟大的创意才是这个世界上最值钱的东西,我们同身边的每一个人高谈阔论,但从来没有执行的决心,也没有半点计划,时间久了,创意就真的成为梦想了。

网上看到一句话,深以为然:"idea是世界上最不值钱的东西,执行永远是最重要的。"

决定人生高度的,从来不是你的高谈阔论,而是你说做就做的执行力,没有执行力一切都是零。成功的第一要诀,是努力地去执行。

当你努力去执行了,一定会缩短与别人的差距,也一定会发现这个世界的美好!

# 你要有野心，才会更有魅力

知乎上有一句话："一个人只有狠狠地逼自己一把，才能更加优秀。"对于这句话，我非常同意，逼迫自己实际上就是野心的一种体现。

如果你想得到某个结果，那么一定要努力地去做，只有这样才不会给自己留下遗憾。

有野心的人，基本都取得了辉煌的成功，而没有野心、做事犹犹豫豫的人始终在原地徘徊，没有任何成就。

## 01

朋友孙莉是个有野心的女孩。大学毕业后，孙莉顺利地成了一名人民教师，对于这个职业，家里人非常满意，刚开始孙莉还有些激情，但最后却被安逸磨平了。

她说："当一个人成年累月地重复一种单调的生活时，内心都不会再有渴望。"为了摆脱这种局面，孙莉提出了辞职。父母知道这个消息后大发雷霆。父亲说："真不明白你是怎么想的，放着好好的事业编不干，偏偏要辞职创业。"

为了摆脱家里的干扰，孙莉只身一人来到了上海。由于自己写作功底不错，她便开始做起了新媒体，刚开始她只是把自己的一些感受与大家分享，后来慢慢地聚起来一些粉丝，因为文章内容能够引起大家的共鸣，粉丝很快破百万。她现在在圈内小有知名度，赚钱能力也非常强。

现在，她把父母接到了上海，父母再也不会说她辞职的事情，而是对她现在的事业给予了全力的支持。

有魅力的人是非常吸引人的，但是这份魅力是他们努力为自己争取的，一个没有野心的人是谈不上有魅力的。

## 02

大量事实证明，没有野心的人相对懦弱，他们惧怕失败，因为惧怕他们选择了得过且过的人生，到头来不过是虚度一场。

野心不是一腔热血说干就干，而是对自己的事业进行了长久规划，经过充分考虑后做出慎重的选择。有野心的人即使失败了，那也是暂时的，因为他们不安于现状，只要有充分的条件，他们会再次攀上事业的高峰。

从小，我们就被灌输脚踏实地的思想，只要一步步地来，一定会得到这个世界的认可。可是这个过程太过漫长，有时候甚至穷其一生也不会实现。

虽然有时候我们会对一件事倾入自己所有的努力,但结果往往不尽人意,我们所有的努力在别人看来不过是一种重复,根本无法实现自己的价值。

在人生的道路上,每个人都需要野心。当一个人有野心的时候,他会全力以赴,即使前进的道路上困难重重,他也会笑着走下去。

## 03

有野心的人一定会去争那顶原本就属于自己的皇冠,他不会给自己任何停滞的机会。

著名作家张爱玲就是一位有野心的人,她说过一句经典的话:"出名要趁早!"她刚开始写小说时并没有得到社会的认可,但是张爱玲太想让世界认可自己的文字了。

在野心的支撑下,她抱着自己的小说,敲开一家家杂志社的门,她不是不知道自己有可能会失败,但她知道被动地等待只会更加糟糕,与其在深渊里看不见未来,还不如主动出击,至少会给自己一个安慰。

她的执着、自信、不畏人言,她的才华横溢与野心勃勃终于让她名声大噪,实现了梦寐以求的价值。

张爱玲一生特立独行,无论是与胡兰成的婚姻,还是后来嫁给美国老头赖雅,她极少在乎别人说什么,只是安静地做自己。属于自己的王冠她会努力地去争取,因为有野心,她显得更加有魅力,在中国文学史上留下了许多经典作品。

有野心的人都是明智的人,张爱玲一生沉浸在读书写字的世界里,让自己在写作的领域发出了耀眼的光芒。

野心让她有了更多的见识。她知道了努力的滋味,尝到了成功的甜头,并被这个世界铭记。

## 04

作家艾小羊说:"当你的野心足够大,你对这个世界的意见就会变小。你超越了讨厌的上司,向世界亮出自己的旗帜;你用实力征服一切,即使最后没有达到预期,至少不会为这一生从未做过什么而后悔。"

有野心的人不会虚度光阴,他们会在有限的时间里实现自己的价值,让自己足够强大。

我从报社辞职后,很多人以为我不会再写字了,但没想到在未来的几年里,我做得最多的还是写字。因为我是一个有野心的人,我渴望自己的文字变成铅字,渴望得到社会的认可,所以我一直在努力。

因为有野心,我成功了,短短两年时间,我上遍了全国80多家杂志,发表近百万字,成为各大公众号签约作者,顺利地出版了人生中的第一本书，而这所有的一切，我曾经连想都不敢想，没想到就这么"轻而易举"地实现了。

每个人都渴望得到社会的认可，但是被动的等待只会让自己埋没，有时候人需要拿出野心，告诉世界自己想要什么，只有这样才能实现人生的价值。

有野心的人能把1%的机会转化成100%的可能性，即使前路泥泞，也不会动摇他们前进的决心，因为他们知道自己想要什么，为了这个结果，他们会疯狂地努力。

野心会给我们力量与平静，会让我们变得更加有魅力，会给我们一双看世界的慧眼。当我们回忆往事时，一定会感谢曾经心怀野心的自己。

# 第四章 Chapter 4
## 见识太少的人，才会庆祝平庸

# 见识越多的人，
# 往往越谦卑

## 01

朋友在一家销售公司工作，周末一起聚餐，我听到了一件这样的事：他们公司有一名初中学历的话术培训师，一直觉得自己很牛，尤其是培训高学历的人才时，那份优越感更加明显。

朋友告诉我，几个月前，公司来了一位英国硕士留学生，因为是刚入职，所以需要进行销售话术培训。公司领导就让这位初中学历的培训师带他。

这位培训师接到这个工作后，觉得自己特别牛，整天趾高气扬的，大有一副老天第一他第二的感觉。不仅如此，他还在同事们面前大加显摆，鼓吹读书无用论。

一次，他们部门聚餐，他对大家说："你们说读书有什么用，这么厉害的人（英国硕士留学生）还不是要经过我培训，真庆幸自己没读什么书，早早地出来工作了。"

那段时间他觉得自己比谁都牛，觉得自己当初早参加工作的决定是最正确的。

几个月后，这位英国硕士留学生辞职了，凭借证书和实习经历入职了一家外企，工资2万起，而那个趾高气扬的培训师还是每月拿着4000多的固定工资。

朋友说："真看不惯这种人，把暂时的优越感当成资本，殊不知这根本不是资本，就是见识的太少，一个见识多的人断然不会说出这种话来。"

对于朋友的说辞，我十分赞同。

生活中确实有这样的人，永远看不到自己和别人的差距，在自己的小圈子里耀武扬威觉得很牛，殊不知这就是坐井观天，就是见识太少。

## 02

大学同学李凡毕业后顺利进入一家国企，短短五年就做到了部门经理。他的工作相对轻闲，年薪30多万，当人人都羡慕他的事业时，李凡却辞职了。

他说："不想再继续下去了，感觉一点意思也没有，所以辞职了。"

辞职原因很简单，不想过得过且过的人生，想努力提升自己，更大限度地实现自己的价值。

他说:"如果一直按部就班地过着让自己不满意的生活,真没有半点意思,每天都是在重复,我找不到自己的价值。"

因为觉得自己见识太少,需要学习的东西太多,李凡辞职后选择出国读书,不断拓宽自己的眼界,增长自己的见识。

两年后,他开始回国创业,由于创业项目属于蓝海领域,公司的门槛都被投资人踩烂了。

越来越发现,越是沉稳的人越低调。他们从来不炫耀自己,觉得自己就是井底之蛙,只要有机会就拼命地去学习,想办法让自己增值,增长自己的见识。

反观那些见识少的人,他们觉得自己的世界就是全部。见识越少的人,在同一个机会面前失去的越多,这是显而易见的道理。一个人拥有的见识决定了自己是否有更大的机会,所以不要怪上天给你的机会太少,而要怪自己的见识太少。

一个见识多的人能看到很多隐藏的机会,见识多的人会在人群中散发不一样的气质,温和却有力量,谦卑却有内涵。

## 03

一个人只要见识多了,计较的就会少,就会越低调,会意识到自身的问题,想办法做出改变。如果一个人觉得自己很牛、无人能及,那是因为见识少。

前段时间在网上看到一个视频:

有个穷小子买新车回村，故意堵在路中间炫耀，没想到结果啪啪打脸。

因为他进村后发现一起长大的人，有的在擦自己的宝马，有的在擦奥迪，还有大奔停在一边，每辆车都比他的档次高。

而他们平时骑三轮车和电瓶车，特别低调，只有这个小伙子拼命刷优越感，觉得自己是全村最牛的。

这一比较，小伙子终于明白什么是天外有天了，也终于明白自己的见识有多浅薄了。

其实真正的牛人绝对不会在别人面前炫耀。他们见多识广，知道还有很多人比自己厉害得多，这说到底就是心智足够成熟。只有那些一桶水不响，半桶水晃荡的人才会拼命彰显自己。

越不成熟的人，见识越少，认知水平越低，唯恐别人不知道自己，特别喜欢在别人面前炫耀。

一个人只要不沉迷于现在，想尽一切办法去改变，不生活在见识少的维度里，那么一定会实现自己的价值。换句话说，见识多了，就能意识到自己的问题，就能让自己更加优秀。

## 04

很多人明知道和见识短浅者聊天是一种折磨，自己却正在做一个没见识的人。他们从来不考虑自身的问题，也不努力提高自己的见识。

不仅如此，他们还会经常发牢骚，抱怨不公平，觉得自己怀才不遇。总之，所有的问题都是别人的，自己没有半点问题。

王小波说："人一切的痛苦，本质上都是对自己的无能的愤怒。"

有多少年轻人不注重见识，一直希望出名赚快钱，甚至觉得读书没用，宁愿费尽心思做个网红，也不愿意读书增加见识。

暂时来看，这可能很不错，但从长远来看，绝对有害无益。真正有见识的人，绝对不会停止奔跑，他们会沉下心来，让自己变得更加优秀。

当一个人站在更高的地方，才会看到更远地方的风景，拥有更宽阔的见识。

我们都曾不堪一击，也终究会变得刀枪不入。如果你能让自己做出改变，丰盈自己的见识，那么你就是生活的主人。

这个见识会不断地扩大你生命的半径，能让你接触到更优秀的人，能让你意识到自己的不足，冲出碌碌无为的平庸生活。

当你有了足够多的见识，你才配拥有高品质的生活，才会慢慢找到属于自己的人生。

# 不是平台太弱，
# 而是你没本事

## 01

看过一个小故事，内心挺有感触的。

山上的寺院里有一头驴，每天都在磨房里辛苦拉磨，天长日久，驴渐渐厌倦了这种平淡的生活。它每天都在寻思，要是能出去见见外面的世界，不用拉磨，那该有多好啊！

不久，机会来了，有个僧人带着驴下山去驮东西，它兴奋不已。

来到山下，僧人把东西放在驴背上，然后牵着它返回寺院。没想到，路上行人看到驴时，都虔诚地跪在两旁，对它顶礼膜拜。一开始，驴大惑不解，不知道人们为何要对自己叩头跪拜，慌忙躲闪。可一路上都是如此，驴不禁飘飘然起来，原来人们如此崇拜自己。

当它再看见有人路过时，就会趾高气扬地站在马路中间，走起路来虎虎生风，腰杆瞬间直了起来！回到寺院里，驴认为自己身份高贵，死活也不肯拉磨了，只愿意接受人们的跪拜。

僧人无奈，只好放它下山。

驴刚下山，就远远看见一伙人敲锣打鼓迎面而来，心想一定是人们前来欢迎我，于是大摇大摆地站在马路中间。那是一队迎亲的队伍，却被一头驴拦住了去路，人们愤怒不已，棍棒交加抽打它……

驴仓皇逃回寺里，奄奄一息，它愤愤不平地告诉僧人："原来人心险恶啊，第一次下山时，人们对我顶礼膜拜，可是今天他们竟对我狠下毒手……"

僧人叹息一声："果真是一头蠢驴！那天，人们跪拜的是你背上驮的佛像，不是你啊！"

离开平台后剩下的，才是一个人真正的能力。我们在年轻的时候，可以靠平台，但千万别错把平台的资源当作自己的能力。

## 02

生活中，大多数弱者都会犯一个错误，就是把平台的光环当成自己的本事。

出去谈合作，他们会先把自己的平台摆出来。也因为平台好，他们工作上结识的人脉更加优质，时间长了，便会不自觉地滋生出几分多余的自信，错把平台带来的红利当成了自己的能力。

朋友大刘是我们市土地规划管理局的一名科员,虽然能力平平,但来找他办事的人非常多,大刘的工作业绩也很棒。当别人跟他抱怨工作难做时,大刘根本不信,他反而觉得是对方能力不行。

平常有很多人恭维他,甚至有地产商客户跟他说:"以您的能力,要是投身商海,我们这些人很快就没饭吃了。"

没想到后来大刘竟然真的辞职投身商海了,当他准备在商海大展拳脚时才发现一切都变了,原先一直恭维自己的人都不见了,他才知道这些年带给自己光环的是平台,并不是自己的能力。

很多人常常看不清自己,误把平台的资源当作自己的能耐,误把平台的成功归功于自己的本事。直到离开后,才明白原来之前盲目高估了自己的实力,厉害的不是自己,而是原来的平台。

一个人仗着大平台拿来的资源,根本没什么好炫耀的。毕竟,离开了这个平台,根本一无是处。

## 03

知乎上有一个问题:"在职场中,弱者和强者有什么区别?"

一个高赞回答是这样的:"弱者会通过平台刷存在感,强者则是通过本事获得别人的认可。"

《乔家大院》中的孙茂才,由穷书生落魄到乞丐,后投奔乔家，为乔家的生意立下了汗马功劳，他在乔家有一定的地位。

后来，他因为私欲被赶出乔家。孙茂才觉得自己离开乔家一样能混得很好，所以他想投奔对手钱家，钱家对孙茂才说了一句话："不是你成就了乔家的生意，而是乔家的生意成就了你。"最终孙茂才再次落魄。

很显然，孙茂才是一个本事不大的人，但他却错以为平台上的自己是真正的自己，做事情总想和东家讲条件，当东家拒绝时，他则以辞职相要挟，最后偷鸡不成蚀把米。离开平台的孙茂才一无是处，根本没有人瞧得起他。

生活中有很多人会忽略平台的助力，这其实是很愚蠢的表现，只有弱者才喜欢炫耀自己的平台，高谈阔论自己有铁饭碗。

真正的强者从来不拿平台说事，他们会用自己的本事创造平台。他们每去一个平台，都能让这个平台变得更好，他们不会把平台当成自己的能力，他们明白：离开平台，剩下的才是真正的自己。

## 04

通过好的平台，工作混得游刃有余，那不叫真本事；当离开平台后，剩下的才是你的真本事。

主持人窦文涛，曾在节目中说过这样一段话：

"我的朋友99%都比我有钱。天天和这些有钱人在一起，以至于我以为他们买的东西，好像也是我生活世界的一部分。总和有钱人在一起，听着他们几十亿、上百亿地聊天，好像自己也有钱了似的。"

说实话，我看了这段话，挺有感触的，在大企业里一直谈着几百万上千万的项目，离开后才发现自己什么也不是。

那些光环不过都是平台给予你的，一旦离开，这些光环就会消失。

换句话说，你以往的光环，不过是平台聚光灯下的沉淀物，当你离开的时候，就会发现之前公司多半人际关系的结束。

有些人抱怨人走茶凉，抱怨别人对自己前后态度的变化，以为自己辛苦的付出会让别人刮目相看，实际上真正让别人刮目相看的不是你这个人，而是平台。

如果离开后，你做得更好了，那么大家对你的态度会180度大转弯；如果做不好，那么换来的不过是一句无关痛痒的问候。

那些失败的人，一定是完全依靠平台、在平台上碌碌无为的人，他们把别人对平台的尊敬当成对自己的恭维，这样的人一定会被淘汰。

一个真正聪明的人，一定会认识到哪些是平台带来的福利，哪些才是自己真正的实力。在一个好的平台上，他们会努力地锻造自己，让自己变成金子，只有这样才会让自己更加闪亮。

# 见识太少的人，
# 才会庆祝平庸

## 01

有个朋友毕业后就去了北京，在一家世界五百强的外企工作，然后在这里娶妻生子。他在部门主管的位置上奋斗了10年，现在却突然想辞职。

辞职的理由现实又简单：赚钱太少了，经常入不敷出。他在外企税前才一万五千块，税后交完房租以及各种开销，就所剩无几了，要是当月家人或自己生病，那直接就捉襟见肘了。

最主要的是，这个外企的发展一眼能望到头，就算再努力，结果也是老样子，待遇不可能会有大幅度提高。在这样的环境里，人真的会陷入绝望，工作早就没了激情，剩下的不过是重复。

朋友从来没想过辞职，他一直觉得自己找到了铁饭碗，但是现在看来，自己找的不过是个瓷饭碗，一不小心就摔碎了。

那几年北京房价低，但是朋友没有购房的计划，他觉得当时的生活状态特别好。如今北京的房价让人望尘莫及，买房已经成了一个不现实的事实。

妻子也经常抱怨他无能，两人三天两头就吵架，日子过得乌烟瘴气，根本不敢奢望未来。

人到中年了，没有那么多时间去折腾了，但是不折腾生活都困难，所以无论怎样做都特别难。但纵使千难万难也要扛下来，因为在这个年纪根本没有说累的资格。

张爱玲曾说："人到中年，时常会觉得孤独，因为他一睁开眼睛，周围都是要依靠他的人，却没有他可以依靠的人。"对此，我深以为然。

其实，很多人就是这样，见识太少，总觉得自己生活得足够好了，完全看不到外界的变化，当生活遭到威胁时，才知道自己有多脆弱。

人最大的悲哀，就是错把见识少当成吹牛的资本，然后在自己的世界里大肆庆祝。

## 02

古希腊有一个故事。

哲学家芝诺的学生曾经问他："老师，你学识渊博，知道的事情那么多，为什么还经常怀疑自己的答案呢？"

芝诺回答："人的知识就像一个圆，圆圈外是未知的，圆圈内是已知的,你知道的越多,你的圆圈就会越大,圆的周长也就越大,于是,你与未知接触的空间也就越多。因此,虽然我知道的比你们多,但不知道的东西也比你们多。"

按理说像芝诺这样的大哲学家应该是见识很多的了,但是他却觉得自己见识很少,一直在增加自己的见识。

生活中,很多人明明知道自己见识太少,却还不断自我安慰,觉得自己生活得很好。

《见识》这本书有句话特别能引起共鸣:

"很多人之所以成不了大气候,不是因为能力不行,机会不够,而是因为见识太窄,导致目光短浅,对自己一点平庸的成绩自得自满,过早选择了安逸的生活,停止了奔跑。"

见识决定了一个人的格局和能力,决定了一个人是否目光长远,是否平庸。

## 03

我们最常给自己找的借口就是:身边的人,还不都是这样。

我们见识少,我们身边永远是那些和我们过着同样日子的人,我们以为这就是生活应该有的样子,从来没想过改变。因为见识少,我们开始了循环往复的生活,我们得过且过,不期盼未来,为自己找各种借口。

反而那些见识多的人,一直觉得自己学识不够,欠缺太多,想尽一切办法改变自己。最终他们成了牛人，因为机会永远眷顾着那些拥有的多、见识的多、能够撬动更大机会的人。

很多人也能意识到自己的见识不够，但不知道怎么提高。

其实，想提高见识很简单，那就是读万卷书，行万里路，不论怎样，身体和灵魂总要有一个在路上。

网上看到一句话，深以为然：

"世间所有的烦恼，也不外有三：或者没学问，或者没修养，或者没钱。而众多的人生经验告诉我们，没学问、没修养、没钱这三点，完全可以通过见识加以弥补和化解。"

事实上真是这样，见识的多少，对一个人来说太重要了，如果一个人见识多了，那么所有的烦恼都会迎刃而解。如果一个人的烦恼和困扰特别多，那么就是因为见识少。

俗话说，人生不如意事十之八九。很多时候，我们并不是平庸，而是忽略了见识，一个真正的聪明人绝对不会纠结于眼前的烦扰，而是努力提高自己，增加自己的见识。

说实话，如果不做比较，你可能意识不到自己见识低，觉得自己已经很不错了，可是跟真正的不错比起来，差得太远了。

愿你做一个有见识的人，而不是平庸的人！

# 一时偷的懒，
# 要用一辈子还

## 01

电影《闻香识女人》有一句经典台词：

"如今我走到人生的十字路口，我知道哪条路是对的，毫无例外，我都知道。但我从不走，为什么？因为实在太苦了。"

事实上真是这样，我们知道未来要走什么路，但是因为苦而一直选择逃避，以为只要逃避过去就不用吃苦了。

殊不知，你的逃避是为未来挖的坑，一直偷懒的人，走不远。

## 02

在人生这条路上，每个人都在负重前行，如果你想暂时比别人轻松，那么结果只会更糟糕。

看过一个小故事，挺有感触的：

在人生的路上，每个人都背着一个十字架前行，走着走着，有个人觉得十字架太重了，然后就砍掉了一块。

由于自己的十字架比别人的轻了，所以他走得很快，心里还时不时地嘲笑其余的人，觉得他们实在是太笨了，很快他就走到了队伍的前列。

走着走着，他又觉得自己的十字架重了，然后又砍掉一块。因为砍了两次，所以他健步如飞。他吹着口哨，嘲笑着后面的人，为自己的聪明暗暗高兴。

很快，他便把别人甩在了后面。走了一会儿，前面突然出现了一道沟壑，他无法过去。当他垂头丧气的时候，后面的人赶了上来，看到沟壑直接用十字架做桥走了过去。

他也想如法炮制，但是因为自己的十字架砍了两次，根本不够长，面对这种情况，他懊恼不已，原来所有命运的馈赠，早已暗中标好了价格。

在人生这条路上，我们每个人都背负着各种各样的十字架在艰难前行。它也许是我们的学习，也许是我们的工作，也许是我们的感情。如果你认真对待，不偷懒，那么自然会拨开云雾见天晴。如果偷懒，想砍掉一些，那么自然会受到生活的惩罚。

说到底，我们每个人都知道自己想要什么，都知道只要努力，坚持住，就自然会实现自己的价值，可很多时候我们做不到。

俗话说，吃得苦中苦，方为人上人。如果一个人不愿意吃暂时的苦，怎么能拥抱以后的甘甜呢？

## 03

一个人只有脚踏实地，一步一个脚印，才能走到最后。可能暂时会很苦，那又有什么呢？挺过去了就会发现，这不是苦，而是命运的奖赏。

看《超级演说家》的时候，被刘媛媛感动了，在第二季她拿了一个冠军。相比较其余的选手，刘媛媛并不出众，能得到这个结果，她付出了别人难以想象的努力。

面对大家的赞美，刘媛媛说：

"命运给我们一个比别人低的起点，不是让我们偷懒屈服，而是要我们用一生去奋斗出一个绝地反击的故事，这才是人生的真正意义。"

对于刘媛媛说的话，我深表赞同。在节目中，导师们被她的演讲深深触动，大家纷纷表示，不管今天的结果如何，她都是最成功的。

越来越发现，脚踏实地、勤劳的人都赢了，投机取巧、偷懒的人都输了。

有个小故事恰好说明了这点：

有个人牵着一头驴子去贩盐，中途经过一条河，驴子不小心跌倒在河里，盐被河水化了，驴子顿觉轻松。

有了这次的经验，驴子非常开心，当主人再次让它驮盐过河时，驴子故技重施，主人又损失了一笔货物。

当驴子暗暗为自己的小聪明高兴，嘲笑主人的时候，它得到了最大的惩罚。这次，主人让驴子驮了一块海绵，当驴子过河再次"不小心"跌倒时，海绵却吃透了河水，压得驴子无法起身，最后，驴子被淹死了。

很显然，驴子就是想偷懒，但没想到最后赔上了自己的性命。

生活中有这种偷懒思维的人不在少数，他们不愿意脚踏实地，总想着投机取巧，殊不知，你年轻时犯下的懒，都会在未来返还给你。

说得再直白一点，你现在所偷的每一次懒，都会在未来让你陷入深渊。

## 04

我们似乎很愿意向生活妥协，明知道只要稍微努力一下，结果就不是这个样子，可是我们就是不愿意努力。

我们每个人都有梦想，希望有一天能实现自己的价值，可我们得去做呀，总不能一直不考虑付出，一直偷懒、得过且过地混日子吧。

俗话说，昨夜梦里行万里，醒来一看在床上。很多时候，我们就是这样，天天跟别人描绘自己宏伟的梦想，却不愿意迈出一步，我们以为这样做是最明智的，其实是最愚蠢的。

因为吃不了苦,我们很难坚持,因为想偷懒享受,我们总能为自己找来千万个不坚持的理由。

如果你一直这样,那么自然会得到最狠的惩罚。

一位作家说过一句话:

"一个人真的不能轻易地妥协或将就,一旦你决定妥协,很快就会溃不成军,你所在乎的东西,会一样样失去。你以为是妥协一次、将就一回,其实却是妥协一世、将就一生。"

对此,我深以为然。

# 自律是一场
# 与自己的博弈

## 01

晚清重臣曾国藩是一个高度自律的人,也正是凭借这份自律,他实现了自身的价值。

曾国藩天资并不聪慧,从八岁起父亲就将他带在身边,与自己的学生一起听课,但曾国藩太愚钝了,如果没有自律,恐怕只是个普通的人。

在京做官的十几年,是曾国藩人生中的一个重要时期,他定读书为日课,定作文吟诗为月课,每天早起用功,早饭后还要读"二十三史",下午读诗文,一刻也不疏漏懈怠。正是因为十几年疯狂的自律,才使他博览群书,见识广博,成为一代通儒。

在这种自律的约束下,曾国藩阅读了大量史书,这为他后来参与治理国家、管理军队打下了良好的基础。

一个人的成功与否,与自律有很大关系,如果你能坚持不懈,勤奋刻苦,拼命自律,那么一定能实现自身的价值。

荀子在《劝学》中写道："不积跬步无以至千里，不积小流无以成江海。"如果不坚持自律，怎么可能让自己大放光彩呢？

就算千难万难，只要努力，一步步脚踏实地地前进，终究会到达远方。

## 02

2019年清华大学举行本科毕业典礼时，一位叫张薇的姑娘作为学生代表发言。

能在清华毕业典礼上作为代表演讲，那绝对是牛人，不少人纷纷感叹她运气好。但你若是摊开她的人生一看，你会发现这份成绩得来不易，背后都是苦行僧般的自律。

张薇是从甘肃国家级贫困县走出来的大学生，去省城参加物理竞赛时，她第一次意识到不同地域的教育差异如此巨大。

虽然经过高中三年的拼搏，她来到了清华园，但接下来的生活并没有那么顺利……

她完成作业要比别人多花三四倍的时间，竞选班长不成功，报名实践支队长也失败了，仰卧起坐100分只拿到了20分，但她咬牙坚持，相信生活一定会给自己带来惊喜。

凭借超乎想象的努力，命运开始垂青她，后来她参加辩论赛，与队员一起获得冠军，不仅如此，她还拿到了学业优秀奖学金，仰卧起坐也及格了。

四年的汗水，四年的坚持，她想要的最后都如约而至。如果没有强大的自律，张薇绝对不会实现想要的一切。

自律，说到底是一场与自己的博弈。稻盛和夫曾说："仅仅付出同普通人一样的努力，是很难获得自由的。"对此，我深以为然。

一个人只有付出不亚于任何人的努力，才有可能在激烈的竞争中取得骄人的成绩。

## 03

古希腊有一位叫德摩斯梯尼的著名演说家，他小时候患有严重的口吃，发音极为不准。

当听说他想当演说家时，朋友们都以为他疯了，但他并没有因为别人的嘲笑而选择放弃，而是继续坚持。

有一次，他听说嘴里含着沙子坚持朗读对演讲有很大帮助，便开始练习。朋友以为他只不过是心血来潮，因为没有人受得了这种苦，但没想到德摩斯梯尼坚持了五十年，凭借这份超强的自律，他终于实现了自己的梦想。

对于一件事，如果你能坚持一会儿，那也许只是感兴趣；如果你能一直坚持下来，那么就离不开强大的自律了。

如果没有强大的自律，德摩斯梯尼是绝对做不到五十年如一日的，因为他有一万个让自己放弃的理由，先天口吃，本身就不是演说家的料，做演说家就是痴人说梦。但幸运的是，德摩斯梯尼做到了自律，才创造了常人难以想象的辉煌。

自律不是做给别人看的。有句话说得好，不要假装很努力，结果不会陪你演戏。

生活中，有很多人在大众面前会表现得非常自律，但一个人独处时就原形毕露，觉得根本没有必要约束自己，这绝对不是真正的自律。

真正的自律，是在别人看不见的地方依然能做那个最好的自己，不论环境如何变化，绝对不会更改自己的初心，遇到问题会想尽一切办法解决，而不是半途而废。

## 04

设计师山本耀司说过："我相信一万小时定律，但从不相信天上掉馅饼的灵感和坐等的成就，做一个自由又自律的人，认真地活着。"

很多时候，我们很难坚持自律，总是抵挡不住诱惑，觉得自律太苦，只想舒舒服服地享受，可这种短暂的欢愉只会让我们更痛苦，因为它会让我们慢慢废掉。

每个人都相信自律的力量，我们也知道自律会改变自己，但往往坚持不下来。

在通往成功的这条道路上真的不拥挤，无论你是大步流星，还是日进一寸，只要你坚持下去，定会成功。这世上没有白走的路，每一步都算数。

哲学家康德说："所谓自由，不是随心所欲，而是自我主宰。"

真正成功的人，必定是高度自律的人，只要你足够自律，那么一定能活成自己喜欢的样子，过上自己想要的生活。

一个人越自律，越自由；越自律，越强大。当你认真地坚持自律，你就赢了。

# 与优秀的人同行，
# 才能走得更远

## 01

来到这个世上，每个人都想取得成就，都想让自己变得优秀，为了达到这个目的也一直在寻求方法，那么怎么做才能让自己快速成长呢？

答案很简单，就是与优秀的人同行。有句话说得好：与凤凰同飞，必是俊鸟；与虎狼同行，必是猛兽。说的就是这个道理。

电视剧《亮剑》中李云龙说的"狼走千里吃肉，狗走千里吃屎"也是这个道理。

优秀的人基本都是充满正能量的，他们积极向上，为了心中的梦想会全力以赴，而不优秀的人则总能找客观原因，把所有的问题都归结于外部。

如果你身边是优秀的人，那么请一定要与之同行；如果不是，那么就要果断离开，否则真的会害了自己一辈子。

## 02

虽然说做选择是自己的事情,别人不会左右,也无法左右,但实际上并不全对,虽然不会左右,但会对你有影响,甚至会对你的人生造成很严重的后果。

俗话说,物以类聚,人以群分。和什么样的人相处就会得到什么样的结果,如果和优秀的人相处,那么自然会得到优秀的结果;若是和不优秀的人相处,那么只会拉低自己的水平。

这点,朋友诺诺深有体会。

诺诺高考失利,她本来想再去复读,但因为暑假打工,一切都改变了。

打工的时候,她还想继续努力,也坚信只有这样努力下去才能改变自己的命运,但是很遗憾,后来她改变了。

当时诺诺在手机卖场工作,除了她之外还有两个小姑娘,这两个小姑娘觉得读书没用,一直给诺诺宣扬读书无用论,她们把生活中的个例当全部,一遍又一遍地给诺诺洗脑。

本来诺诺是很坚定的,她也相信只有读书才能改变自己的命运,但最后却相信了她们,觉得读书没用,还不如早点工作、早点赚钱。

假期结束后,当父母让她复读的时候,诺诺直接拒绝了。她觉得与其忍受煎熬换来一个未知的结果,还不如早点去社会上打拼。

现在的诺诺特别后悔，如果当时不是受到别人的影响，如果自己当时能坚定一点，那么断然不是现在这个样子，说不定她的生活已经非常美好了。

但是人生没有如果，只有残酷的结果。

03

简单来说，一个人若是与庸俗者同行，那么自然不会有压力，他不再积极向上，甚至还会嘲笑努力的人，觉得这样的人很傻，殊不知他们并不傻，是自己太傻。

而与优秀者同行，就好像上了一个赛道，逼迫自己追上别人，特别积极，完全没有时间去想别的，只是闷头努力，等回过头来，你会发现你早已甩开同龄人很远了。

人生很短，不要把有限的生命浪费在无意义的事情上，不要和庸俗者同行，这会害了你，要与优秀的人同行，只有这样你未来的路才能走得更远。

# 最贵的贵人，
# 其实是你自己

## 01

几年前，单位派我去上海跟一部戏。期间，我认识了一位叫苏苏的女孩。

苏苏长得非常漂亮，刚开始我以为她是这部戏的女主角。后来在朋友的介绍下我才知道，她是这部戏的制片人。

我对朋友说："苏苏这么漂亮，不去做演员真是可惜了。"

朋友笑着说："其实，她一开始是想做演员的，但在演艺这条路上始终没有找到自己的位置，才转到幕后。"

苏苏毕业于上海的一所艺术院校，毕业之后选择留在了上海。虽然父母一直劝她回家，但她都拒绝了。她知道，只有在上海才有可能实现自己的梦想。

然而，社会的残酷让苏苏措手不及。为了生计，她只好兼职做表演老师，在空余的时间努力地包装推销自己。

有人找她拍了几部网络电影，效果却并不理想。慢慢地，苏苏发现根本没有人找她演戏，她回家的想法越来越强烈。

正当她准备回去时，突然有公司找她拍电影。虽然角色没那么重要，但苏苏觉得这是她最后的机会。

她很快进了剧组，跟着试戏，熬夜看剧本，甚至经常对着镜子练习到半夜。正当她沉浸在自己的演员梦里时，导演却跟她说，角色换人了，因为感觉她和角色不契合。

## 02

知道结果后，苏苏哭了一夜。那一刻，苏苏突然找不到自己的价值了。她不明白，为什么很多人都能找到自己的贵人？为什么命运一直在折磨自己？

买好回家的火车票后，苏苏陷入了沉思。在火车启动的刹那，苏苏把票撕得粉碎。她想再努力一搏，虽然自己身处逆境，但也要绝地反击。

在自己的戏路受阻后，苏苏开始转战幕后，她希望自己能成为一名优秀的制片人。

苏苏对着镜子说："既然遇不到自己的贵人，那么就让自己成为贵人吧。"

苏苏是这么说的，也是这么做的。

其实，每个行业都有每个行业的不容易。做制片人，需要在复杂的环境里应酬，见不同的人，聊不同的天，在自己梦想的道路上执着前行。

苏苏的努力终于得到了回报,她不仅拉到了赞助,还找到了优秀的剧本和靠谱的制作团队。

那段时间,苏苏天天熬夜,但却活得非常充实。电影杀青时,苏苏痛快地哭了一场。她后来对朋友说:"在梦想面前没有资格退缩。如果在这条路上找不到自己的贵人,那么就想办法创造奇迹。"

一个人只有不放弃、不认输,命运才会垂青于他,才会给他最后翻盘的机会。因为,自己才是最重要的贵人。

## 03

去年,我送孩子去市里的重点初中,碰见了高中同学张凯。我本以为他也是来送孩子上学的,但没想到他竟是这所名校的历史老师。

说实话,知道这个消息后,我还是有些不相信,因为张凯在高二就由于家庭变故退学了!

面对我的不可思议,张凯给我讲了他退学之后的故事。

张凯说,他退学后选择了自考,心想就算自己的人生真的不会有太大改变,也还是要放手一搏。

过程非常艰难,但张凯选择了咬牙坚持。为了能上大学,他付出了常人难以想象的努力,经常看书看到疲惫得趴在书本上就睡着。终于，这份玩命的努力换来了他想要的结果。

面对我的赞美，张凯轻描淡写地说："这真没什么，只不过算是对得起自己的付出。既然生命里没有贵人出现，那我就做好自己。"

做自己的贵人，不要在岁月的磨难中忘掉初心，不要让世俗迷失了自己的眼睛，每走一步都清楚地知道自己想要什么，这才是我们自己的人生高度。

## 04

朋友圈里有一位励志宝妈，她的故事让人唏嘘不已。

如果没有老公的背叛，她或许会一直幸福下去，或许会在家里安安静静地相夫教子。可是因为老公的出轨，这一切都变了。

当没有人为你负重前行，你又有什么资格享受岁月静好呢？

是的，眼里容不得沙子的她选择了离婚，重新开始新的生活。由于一直待在家里，她早已与社会脱节；因为生孩子，身材也变得非常臃肿；因为照顾家庭，她曾经引以为傲的写作也搁浅了。

事情发生后，她知道自己没有退路了，如果自己都不去努力，那么这个世界上没有人会可怜你，整个世界只会看你的笑话。

于是，她开始疯狂地学习，参加社会实践，用最快的速度适应这个社会的节奏。我问她："苦吗？"她在微信上说："当然苦啊，但当你没有退路了，努力是唯一拯救自己的方式。"

为了形象更好一些，她就努力减肥。很多时候我们对某件事并不是做不到，而是以为一切还有机会，还抱有侥幸心理，但如果你没有退路了，那么就会努力去做了。

她每天早起跑步，迎着日出，大口地呼吸新鲜的空气，从未间断。有时候她会在健身房里挥汗如雨，她知道一个完美的身材对自己有多么重要，如此努力为的就是不被生活抛弃。

一切准备就绪后，她开始找工作，很幸运她找到了一份不错的工作，她开始疯狂地努力工作，短短的时间内就升职加薪了。后来，她重新拾起写作，人生再次开挂。

面对大家的赞扬，她说："曾经，我做梦都想找到自己的贵人，希望有个人能拉自己一把，可到最后才发现，只有靠自己才是最靠谱的。"

坦白来说，她的话，我特别赞同。这个世界真的很残酷，与其找贵人来改变自己的命运，还不如脚踏实地地努力。因为除了努力，我们真的一无所有。

任何时候都要记住，一个人的人生舞台不是在别人眼中，而是在自己心中。一个人在自己舞台上的表演，并不是为了别人的掌声，而是为了与自己心灵的广度、宽度和深度相适应。

我们绝大多数人都是普通人，没什么背景，也没遇到什么贵人，可能也没读什么好学校，但这些都不碍事。关键是，我们决心走哪条路，我们想成为什么样的人，我们准备怎样对自己的懒惰下黑手。

春蚕蜕皮，会很疼；凤凰涅槃，会很疼。但只有经历过这些疼痛，才能获得新生。

我们不必寄希望于自己的生活中出现贵人，我们可以靠着自己向前走，我们要相信自己的梦想并不断坚持，只有这样，人生才会足够精彩。

# 人最大的竞争差异，在于认知

## 01

很多人以为人与人之间的差距是贫富的不均，实际上不是的，财富是物质维度，而认知是思想维度，一个人的思想若是有提高，那么假以时日一定会拥有财富。

如果你总是墨守成规，不提高自己的认知层次，那么大概率只会停留在一个层面，不会有很大的突破，最后只能在羡慕别人中走完这一生。

关于认知，蔡垒磊在《认知突围》中曾明确表示认知是一套大脑内置的算法。

他认为每个人的大脑都有一套算法，是从出生到现在的环境投射和自主意识共同进化而成的，这套算法是很难改变的，一旦改变就是突围了。

如果没有改变，那么就会觉得自己的想法是最正确的，直到被现实撞得头破血流才后悔不已，但很遗憾已经晚了。

## 02

曾在网上看到一张图,这张图把人的认知分为四个层次:

第一层,不知道自己不知道,觉得自己是最博学的,无所不知;第二层,知道自己不知道,能认识到自己的不足,会想办法做出改变;第三层,知道自己知道,通过学习知道了事情的规律,努力提升自己;第四层,不知道自己知道,这就是真正的智者。

通过这张图,可以看到大多数人都处在第一层,而且很难改变,他们有自己固有的想法,听不进去别人的意见,以为自己是最明智的,其实这都是错觉。

这点,朋友孙军深有体会。

大学毕业后,孙军和朋友一起考教师编制,朋友在第二年的时候考上了,而孙军却一直名落孙山。在大学里,这位朋友一直比孙军差,但为什么毕业后会出现这样的结果呢?

其实从他们的行为里就可以找到答案,说到底就是认知的不同,因为认知的本质就是决定。

刚考教师编制的时候,他们是同一个起跑线,两人都付出了很大的努力,但很遗憾,两人都失败了。第二年的时候朋友改变了策略,他选择了报班系统学习,顺利地考上了,而孙军还是老样子,他一直以为辅导班没有半点用处,报班就是交智商税。

因为这个认知根深蒂固,所以他坚决不报班,而是想通过自己的努力实现这个目标,但是很遗憾,结果很残酷,等待他的是失败。

当然，我不是说不报班就考不上，而是说一种认知，简单点说报班就是花钱借力，通过别人的辅助达到自己的目的，这样走起来一般都会事半功倍。

拿考试来说，一个人的精力特别有限，如果把精力耗费在没用的地方，那么很难通过考试，这就需要别人的辅助，让你的精力花在刀刃上，这样怎么可能会没有出息呢？

一般来说，认知不足的人，是无法走出自己内心的，他们看到的也只是蝇头小利，当机会来临时也抓不住，总会把困难先摆在前面，最终一事无成。

罗翔老师曾说：

"一个知识越贫乏的人，越是拥有一种莫名奇怪的勇气和自豪感。因为知识越贫乏，你所相信的东西就越绝对，你根本没有听过与此相对立的观点。"

对此，我深以为然！简单来说，一个人的认知层次就是自己的人生状态，要想改变现在的人生，最重要的就是改变认知，唯有如此，人生才有更多可能性。

## 03

这个世上，改变自己很难，当发现无法改变自己时，很多人便想去改变别人，殊不知这是最不明智的。

既然认知不同,那么看世界的标准自然也不同,做出的决定又怎么可能会一样呢?

关于这点,我曾在网上看过一个名为《陪麻麻逛街》的故事,感触很深:

有位妈妈带着未成年的女儿逛街,回来后,女儿画了一幅画,当妈妈拿过女儿的画,当时就蒙了,因为女儿画的好像不是这个世界,在女儿的画上没有高楼大厦,也没有车水马龙,更没有漂亮的衣服和包。

在女儿的画里,这位妈妈只看到一根又一根的柱子,而且这些柱子粗细不一,这让她非常纳闷儿。她看了半天终于看懂女儿画的是什么了,原来这不是柱子,而是一条条人腿。

为什么女儿会画人腿呢?原来,女儿个头儿比较矮,被妈妈领着根本看不到别的东西,只能看到密密麻麻的人腿,所以自然也就画出了人腿。

每个人都有自己的处事方式,可能觉得自己就是对的,当你觉得自己特别正确时,最好不要用这个标准来要求别人。

因为在别人眼里,你可能是错的,认知不一样,对事情的看法自然也不一样。

当我们做某件事特别努力,但结果依然很糟糕时,我们就应该考虑认知的问题了,就要想办法换一个途径来解决,这样才能取得更好的效果。

若是遇到认知不一样的人,不要试图说服对方,可以不同意对方的观点，但要保持尊重，因为彼此之间没有对错，只是认知不同而已。

## 04

青蛙固守在井里，所以看到的只是巴掌大的天，当别人和它说外面的天空有多辽阔时，它反而觉得别人在胡说八道。因为从来没看到过，所以自然不会相信。

如果这个时候，你尝试和它讲道理，那么结果只能是两败俱伤，但如果青蛙见了世面，那么就算你不说，它也会觉得你说的是对的。

因此，一个人要想变得优秀，不是听取别人的意见，而是懂得自我认知升级。

猎豹的CEO傅盛曾说：

"人最大的竞争差异，在于认知，一个人如果能够突破思维障碍和思维边界，就能够变成不一样的人。"

事实上真是这样，只有认知升级了，才会让自己的未来有更多可能性。那么怎么样才能让认知更好地升级呢？

这其实很简单，无非是读万卷书，行万里路，见贤思齐，养成终身学习的习惯。

当你读的好书足够多，那么认知就自动升级了，你看世界的眼光也会和以前不一样了，会看得更加全面。

终身学习真的很重要，它会打破你对世界的看法，当你站得足够高，整个世界会尽收眼底，认知也会丰润。

任何时候都不要自以为是，要对事物抱有空杯心态，只有这样才能更好地接受讯息，让自己变得更加强大。

未来的日子里，希望你深谙认知的重要性，努力提升自己，活成自己喜欢的样子，活成别人羡慕的样子。

第五章 Chapter 5

足够坚强，就能足够耀眼

# 每一次失败，
# 都是最好的成长

每个人都想要一帆风顺的人生，想法虽然美好，但现实却让你失望。你越渴望成功，失败得就越惨，想着靠努力改变自己的命运，最后没想到却输得更彻底。

网上有这样一句话："我们从一无所有活成了负债累累。"这句话看似是调侃，却也说明了人生确实不容易。

但就算再难，你也不能停下，就算失败的次数再多，你也要坚持，因为苦尽自然会甘来，每一次失败都是最好的成长。

## 01

坦白来说，我特别佩服为梦想拼命的人，这样的人才是生活的主人。朋友小刘就是这样一个人，也是我很佩服的一个人。

小刘从小就有一个律师梦，大学也是主修的法学专业，正当他以为梦想快实现了时，司法考试却碰了壁，被无情地刷了下来。

得知这个消息后，我原本以为他会很痛苦，于是便在微信上安慰他，没想到小刘说："我觉得这没什么啊，至少让我知道了原因，下次我一定会注意的。"

虽然他做好了所有的准备，但是第二次司法考试还是失败了，这时候有人劝他："既然考不过就别考了，为何非得和自己过不去呢？"

但是别人的意见丝毫没有影响他，认真思考后他决定开始考第三次，这次终于成功了。在祝贺他的同时我说："连续考了三年不容易呀，你是怎么面对失败的，要是别人早放弃了。"

小刘说："说实话，面对失败我也抱怨过，可是这没什么用，也许努力不一定换来收获，可如果不努力，就一定不会有收获，所以我坚持了下来。"

事实上真是这样，有些人面对失败不知所措，甚至会抱怨命运的不公，而有些人面对失败，却努力吸取教训，总结经验，让自己离成功更近了一步。

在这个世界上，每个人都会经历失败，可你要知道，人生中的每一次失败都是对自己的一种历练，也是一种成长，只有在失败中总结经验教训，我们才会变得更强大。

## 02

除了小刘，师兄王哥也是这样一个人，王哥的创业之路非常艰难。

大学毕业后，王哥回到家乡开了一家企业管理培训公司，他本以为这个事情很容易做，但没想到输得很惨。

他做了很长时间，但遗憾的是没有任何企业来询问，公司经营得非常惨淡。面对这种情况，亲朋好友都劝他放弃，可他却铁了心要做。

为了做出个样子，王哥特别拼命，他起早贪黑地去做调研，总结经验教训。有时候为了谈一个意向客户，他可能要等对方很长时间，不要以为见到了就一定有结果，就算见到了，可能还是无功而返。

换作别人，早就气馁了，但面对一次次的打击，王哥似乎早做好了准备。失败了，他总结经验教训，想方设法去改正，为了让自己更加接近成功，他付出了太多。

功夫不负有心人，在他的坚持下，终于谈成了一家企业。给这家企业培训完后，因为口碑很好，他得到了大量的机会。

如今，他的企业管理培训公司在我们小城经营得风生水起。

面对现在这一切，王哥感慨万千：

"在我看来，失败并不是一种负担，而是一块试金石，是人生中不可或缺的元素，也只有经历失败，我们才能更加成熟，才能走好未来的路。"

每一次失败都会给我们带来疼痛，时间久了，我们就退缩了，觉得成功不会青睐自己。其实我们真正的敌人并不是失败，而是对失败的恐惧，觉得只要失败了就会陷入万丈深渊中。

你只有打破这种恐惧,才能更好地面对失败,走得更远。

03

人这一生很短暂,无论发生什么,那些失败终究会成为过去,我们要做的不是抱怨,而是怎么总结经验教训,从失败中站起来,继续前行。

就像写作一样,很多写手只要被编辑拒稿,就会"玻璃心",觉得自己不适合写作,时间久了就会主动放弃,这一生可能再也不会拿起笔。

而有些写手被编辑拒稿后,会马上寻找问题的所在,然后努力地去改正,这样经过几次的拒稿洗礼后,他们终于拨开云雾见天晴了。

失败并不可怕,更不用畏惧,它只不过是你人生道路上的一块绊脚石。就怕你承受不住失败的打击,觉得自己一无是处,慢慢地对未来失去了信心,如果真是这样,那你注定是一个失败者。

当你在人生中遇到失败时,千万不要气馁,也不要逃避,如果你能勇敢地去面对,认真地克服失败带来的痛苦,把这些挫折当作幸福的垫脚石,那么你一定能扬帆起航。

# 你终将会成为
# 让自己仰慕的人

## 01

夜晚的城市有些宁静,在灯红酒绿中,我再次遇到了同学小周,只是现在的他有些沉默,不会再和我谈梦想,但却是我最佩服的人。

几年前,小周大学毕业,凭着一腔热血在上海闯荡,住惯了地下室,受尽了别人的白眼,但他依然意气风发。那时小周对我说:"你知道梦想的力量吗?我想它足以让我的人生大放光彩。"

可是,仅仅几年,他完全变了个样子,在生活巨大的压力下,他仿佛变成了一个陌生人,也许真是岁月磨平了他的棱角。

后来我才知道,很多意想不到的事情总是会在一瞬间毫无征兆地发生。小周家里出了变故,父亲因车祸去世,母亲瘫痪在床,而那个时候小周正处在事业的上升期,权衡利弊后小周还是选择了回家照顾母亲。

在同事们惋惜的目光中,小周独自坐上了回家的列车,家庭的变故让他突然知道一个男人的责任并不仅仅在事业上，小周和我说："说真的，我很爱我的事业，但我更不想树欲静而风不止。"他刻意没有说后半句，其实我知道他心里的苦。

岁月会让一个人成熟，但永远不会改掉他的初心，一个人总是能在最后的时候发现自己到底想要什么，如果真的要拿一些代价昂贵的东西去交换，我想那是可悲的。

世人总是教我们如何成功，总是让我们追赶别人的脚步，仿佛只有那样才会光宗耀祖，可是我一直觉得孝反而更能代表一个人的人生高度，懂得孝的人绝对值得世人仰望。

## 02

三年前，我离开报社，在众人的冷嘲热讽中选择了创业，为此父亲甚至一个月没有和我说话。说实话，我喜欢安逸的生活，可我总觉得生命过得毫无意义。

我永远忘不了那天，城市的上空飘着一些雨星，这让我的离开有些伤感，那个时候的自己真的不知道能做什么，只是觉得仅有一次的人生，我必须酣畅淋漓地活。

很多人以为离开单位后我再也不会写文，但没想到离开后我做得最多的还是写文，其实父母从来不知道我离开的真实原因，他们甚至认为我让他们丢尽了面子。可是我骨子里清楚，陪伴对他们而言到底有多重要。

后来，我开超市一直把他们带在身边，目的就是想延长此生和他们相遇的时间，这份缘分以后怕是再也修不来了。

其实，衡量人生高度的从来不是事业，这世上有很多人不会按照大家期望的那样活着，但无论怎样，面对这仅有一次的人生，只要能活出精彩，那就足够了。

在匆匆的岁月中不忘初心，不要让所谓的世俗迷失了自己的眼睛，每走一步都要知道自己想要什么，这才是真正的人生高度，这个高度值得我们去仰望。

每个人的一生都是一部传奇，但很多时候我们总是放大了无用的东西，这让我们一直活在别人的世界里，甚至忘却了怎么做自己，更不用说成为自己仰慕的人。

## 03

其实很多时候，我们就是自己生命里的主人，我们自己的人生到底会达到一个什么样的高度，没有人会过多关注。他们不会在你失败的时候给你祝福，更不会理解你对生命的定义。

成功了，光宗耀祖；失败了，冷嘲热讽。然而生命的真正过程并不是这个样子，这仅有的人生只要你用自己最大的能力走过，那么你就是那个值得仰慕的人。

以前在单位里时，我一直很佩服徐姐，她是我们的部门领导，做事风格非常果断，不仅领导赏识，而且能很快和我们打成一片。

在她的带领下,领导吩咐的事情,我们总能第一时间完成。

有一次我们一起吃饭,我才知道徐姐是远嫁的女人,她的娘家在东北的某个小城。在饭桌上徐姐问我:"到底什么才能衡量一个人的人生高度?"我以为徐姐想考考我,因此就说了一大堆人生理想之类的话。

我说完后,徐姐摇了摇头,她说:"人生的最高境界就是一个人是否活得明白,虽然我事业小有成功,但我付出的代价太大了。"

徐姐流着泪说:"因为工作,我都没能见父母最后一面,你知道我心里有多愧疚吗?有那么一段时间,我甚至想放弃所有,静下心来寻找曾经的自己,可是即便这样,我再也回不到从前。"

徐姐说完后,我才知道原来她也有那么多苦,很多时候我们受世俗的影响太大了,以为如果不好好工作就对不起家庭,就对不起自己的梦想,因此在人生的道路上,我们用尽力气,可是最后我们的人生仿佛错过了很多东西。

我辞职那天,徐姐说:"好好寻找自己,莫负了曾经的初心,在未来的日子里重新寻找自己人生的高度,多陪陪父母,未尝不是一种幸福。"徐姐说完那刻,我潸然泪下。

## 04

前段时间,好友茉莉选择了辞职,茉莉说:"我做了整整八年的记者,但我从来没有真正地做过自己,余生我一定不会再在乎别人的眼光，一定要活出精彩。"我笑着说："你终于要成为让自己仰慕的人了。"

在生活中，无论我们做什么事情，总会得到别人的非议，也总会得到大家的掌声。我一直认为，别人的非议并不能说明自己是错的，别人的掌声也不代表自己是对的，他们的判断标准永远代替不了你自己。

你对生命是否付出过，这不在别人眼中，而在你自己的心里，如果为了得到别人的肯定，而违心地做一些自己根本不喜欢的事情，这真的很可悲。

你的人生是否达到一定的高度，也不是别人说了算，你努力付出的和你所受过的苦一定会做出最好的证明。其实，我们的人生真的不需要别人指指点点，对于别人的评价，我们完全可以一笑置之，因为我们要成为自己而不是别人仰慕的人。

你是否幸福，不是取决于别人的掌声，而取决于你自己，就像穿衣一样，冷暖自知，至于别人眼中的你是什么样子，又有什么重要的呢？

# 足够坚强，
# 就能足够耀眼

## 01

很欣赏一句话："我们都曾不堪一击，但终究会刀枪不入。"没有人天生坚强，很多人不过是在不断磨炼中让自己变得足够强大。

每个人都渴望幸福，但幸福就像风雨过后的彩虹，只有经历过风雨，才会绽放最绚丽的色彩。

生活从来都是自己的，你若是不坚强，没有人替你勇敢。既然选择了，就要负责到底，就算这条路步履维艰，也要风雨兼程。

## 02

说到熬出来的人，演员岳××算是一个，他虽然其貌不扬，却拥有众多粉丝。他现在特别风光，可风光的背后，是别人看不到的坚强和煎熬。

他上面有5个姐姐，因为在家里生活不下去，他便带着家里给的200块钱，跟着五姐到北京打工去了。

在北京的日子，生活特别艰难，因为年纪太小，他根本找不到工作。为了帮弟弟找工作，五姐拉着他到处跑。

为了能在北京活下来，他没有任何选择，这些年他做过保安，当过焊工，做过保洁员，还做过餐厅服务员，遭受过很多误解和谩骂，但幸运的是这一切都过去了，他终于熬出来了。

泰戈尔说："你今天受的苦，吃的亏，担的责，扛的罪，忍的痛，到最后都会变成光，照亮你的路。"每个人成功的背后，闻起来都是苦涩的味道。

很多人惧怕生活的裂缝，抱怨命运的不公，其实生活有了裂缝，那是因为阳光要照进来啊，命运之所以不公，是希望你能奋斗出一个绝地反击的故事。

没有经历过风雨的洗礼，怎么配看到彩虹的绚丽呢？没有拼命地付出，又有什么资格谈拥有呢？罗马从来不是一天建成的，人也不是一天就能飞黄腾达的。

任何时候你都要熬住，只要熬住了，你就赢了。别羡慕一蹴而就的成功，那根本不是人生的常态。所谓人生，本来就是苦乐参半，倘若没有苦，没有遗憾，这样的人生又有什么意义呢？

这个世界上从来没有一帆风顺，很多事情只能自己面对。就算寸步难行，就算无依无靠，也要扛住了，因为只有扛住了，世界才是你的。

成年人的世界里，从没有"容易"二字可言，只不过有人在困境中学会了坚强，在痛苦中熬出了幸福。

## 03

生活确实很残忍，但只要努力就不怕，我们每个人都会受到生活的打击，只是有的人在打击中过早地投降了，有的人在打击中越发坚强。

面对无法预知的未来，有的人选择努力前进，有的人自怨自艾、抱怨不断，短时间内，可能看不出差别，但时间长了，一切自然会见分晓。

毛姆说："一经打击就灰心泄气的人，永远是个失败者。"对此，我深以为然。倘若你能忍受住生活的磨难，那么就一定会拨开云雾见天晴。

很多时候，命运会捉弄我们，会让我们的人生步履维艰。在命运的折磨中，有很多人选择了放弃，没有了坚强，也熬不出来幸福。

每个人的一生都会充满荆棘，生活也自然会充满磨难，我们要做的不是忍受，而是打破所有的枷锁，这样才会有一个崭新的人生，才能实现自己的价值。

《喜剧之王》有一幕经典的场景：

女主角说："看，前面漆黑一片，什么也看不到。"男主角说："也不是，天亮后便会很美的。"

是的，人生就算黑暗再多，只要努力，也终究会拥抱光明。

面对人生的不如意，有些人喜欢抱怨，觉得是命运毁掉了自己，觉得这一生都不会有什么成就。倘若一个人把自己打败了，那么他的世界也就失败了。

任何时候都不要抱怨，倘若抱怨有用，那么坚强还有什么意义？抱怨只会让你更消极，让你人生的道路更加艰难。

每个人都很难，但也要坚强，既然没有伞，那么就要学会拼命奔跑，既然没有肩膀依靠，那么就全部靠自己。

累了痛了，你可以哭，但不要屈服，日子还要继续，收拾好心情，继续上路，可能再稍微走几步就会看到光明。

任何时候，你都要逼着自己去成长，逼着自己去突破，逼着自己去承受无法言说的伤痛。倘若你去做了，就会发现生活根本没那么难，就像有句话说的，"你不逼自己一把，永远不知道自己有多优秀"。

人生从来没有白走的路，每一步都算数，熬不住了，可以短暂地休息，但不能停下，因为停下了就意味着再也没有希望了。

不管你的过去有多苦，只要坚强努力，就会拥抱幸福；只要熬住了，就会有奇迹。苦尽甘来之后，你会发现一切都是值得的。

"越努力，越幸运"从来不是一句空话，只要你足够努力，足够坚强，那么你就足够耀眼。

# 努力的人，
# 才能让梦想照进现实

日剧《垫底辣妹》是一部经典的励志剧，主要讲述了一个差生逆袭考上名牌大学的故事。女主角工藤沙耶加之所以能成功，除了靠自己的努力，还有赖于一直鼓励自己的老师以及无条件相信自己的母亲。

在这两个人的帮助下，沙耶加从一个差生变成了优等生，让自己的梦想变成了现实。这部剧中有很多人生哲理，认真整理了一下，希望能给迷茫的人带来一点帮助。

## 01

"如果把不可能的事情达成的话，就会成为自信的人。"

沙耶加是一名垫底的差生，被学校的老师称为渣子，在学校就是混日子，她也自暴自弃，觉得自己的人生就这样了。

当沙耶加放弃自己的时候，母亲没有放弃她，把她送到了补习班。在这里沙耶加遇到了老师坪田，他是一位非常优秀的老师，正是他改变了沙耶加的一生。

坪田老师让沙耶加定个目标学校，但是沙耶加说自己不可能做到，坪田老师说："如果把不可能的事情达成的话，就会成为自信的人。"

事实上真是这样，一个人感觉自己一无是处，不可能达成某个目标，就是因为不自信，不自信的人通常会破罐破摔，很难走好未来的路。

## 02

"仅凭外表就判断我不行的大人，我一直都瞧不起他们。我什么都没有，这点我清楚，如果没有目标，就不会被任何人期待。"

因为沙耶加的行为，父亲特别不看好她，觉得她不会有什么大出息，所以即便沙耶加参加培训班并且非常努力，但还是不免得到父亲的冷嘲热讽。

在父亲的眼里，儿子才是整个家庭的希望，他判断沙耶加成不了大气候。于是在补习班的时候，沙耶加和坪田老师说了上面的话。

生活中，很多父母根本不了解孩子，他们往往会一棍子把孩子"打死"，认为他们一无是处。其实很多孩子还是有目标的，都是可以拯救的，就像沙耶加，如果没有母亲，她可能不会考上最好的大学，真的破罐破摔了。

父母要懂得肯定孩子，他们才会更有出息。

## 03

"'要做就可以做到'，这么说是不好的。假设如果做了没做好的话，就是证明自己无能了，孩子会越来越消极。"

剧中除了沙耶加，还有个男孩叫玲司。因为父亲对他特别严厉，所以他一直在逃避，不愿意学习，天天玩游戏。

玲司妈妈说他们祖上三代都是律师，因此也希望他能成为律师，希望坪田老师能激发他的学习兴趣，还说玲司只要做肯定能做好。因为这句话，坪田老师说了上面的话。

生活中很多父母也是这样，一直希望自己的孩子能做好，殊不知孩子只要做了就足够了，至于是否做好完全是另一码事。如果一直高标准要求孩子，结果只会适得其反。

## 04

"人生路上本来就少不了困难挫折，对于这些挫折，不再逃跑、勇敢面对才是最好的方法。"

在补习班待了一段时间后，沙耶加的成绩还不是很理想，她想要放弃，觉得自己就算再努力也没用，虽然坪田老师一直鼓励她，但她最终还是崩溃了，和坪田老师赌气，离开了补习班。

后来经过一系列事情，沙耶加想开了，她又返回补习班，对坪田老师说了上面的话，这些话也让坪田深受感动。

很多时候，我们遇到困难，首先想到的是逃避，而不是勇敢面对，可就算逃避得了一时，但根本逃避不了一世。遇到困难最好的方法就是勇敢面对，只有勇敢面对，才有解决的希望，才能让自己变得更优秀。

## 05

"不要把目标降低，因为把目标降低一次，就会越来越低。"

沙耶加想去最好的大学，但是一直遭受失败，她难以接受，不想继续考这所大学，而是想换一所容易进的大学来考。

当她和坪田这么说的时候，坪田老师说了上面的话。

生活中有很多这样的人，他们一开始会给自己定一个很大的目标，但当自己做不到时，则会降低目标，这说到底是一种自我安慰。

如果一个人有了第一次降低目标，那么就会有第二次乃至放弃目标，所以任何时候都不要把目标降低，否则只会让自己的未来更差。

## 06

"不管周围人怎么说你不行，充满自信地继续说出你的梦想，不怕嘲讽和失败。勇于挑战梦想的力量，对我来说是多么耀眼。"

大家都觉得沙耶加是一个渣子。除了母亲和坪田老师，没有人相信她。

但沙耶加就想考上最好的学校，而且当着全班同学的面说出了自己的梦想，虽然很多人说她不行，但她并没有害怕嘲讽和失败，而是努力地挑战自己的梦想。

当她被最好的大学录取时，旁白出现了上面这句话。

一个人如果因为周围的环境而改变了自己，如果因为嘲讽和失败而放弃了梦想，那么他的梦想就变成了幻想，再也实现不了自己的价值。

真正的强者无惧别人的嘲讽，他会付出十倍乃至百倍的努力实现自己的梦想。

## 07

"你曾说，是我改变了你的人生，但其实，正是你努力的样子，改变了许多人的人生。"

沙耶加参加考试的时候，坪田老师给她写了一封信，信中说了上面的话。一直以来，沙耶加觉得是坪田改变了自己的人生，殊不知她也在无形中影响了坪田，正是因为沙耶加特别努力地想完成梦想，所以更加坚定了坪田老师的信心。

沙耶加以前是一个特别爱玩的女孩，她有三个一样爱玩的朋友，因为沙耶加参加了补习班后特别努力，所以另外三个女孩也不想玩了。在沙耶加的影响下，她们也想找点事情做，正是沙耶加的努力改变了她们。

努力的人会发出耀眼的光芒，会影响身边的很多人，当你特别努力时，周围的人会被你的努力感染，也会改变自己的人生。

## 08

"当你把梦想写下来的时候，它就会成真，当你想着所有好的事情，它们就会来到你身边。"

在这部剧中，沙耶加一直不相信自己的梦想会成真，觉得梦想离自己很遥远，根本无法实现。当她要放弃的时候，坪田老师说了上面的话。有句话说得好，梦想还是要有的，万一实现了呢？

生活中很多人之所以实现不了自己的梦想，是因为不相信梦想，当一个人不相信梦想，又怎么可能会实现呢？

无论任何时候都要相信梦想，因为只有相信，才有实现的可能。

《火星救援》中的 Mark 曾说：

"只要开始,进行计算,解决一个问题,解决下一个问题,解决下下个问题,等解决了足够多的问题,你就能回家了。"

生活并没有什么难的,只要开始,努力解决问题,最终会拨开云雾见天晴!

# 那些杀不死你的，
# 终会让你更强大

01

以前看过一个故事：

静谧的非洲大草原上，夕阳西下。这时，一头豹子在沉思：明天当太阳升起，我要奔跑，以追上跑得最快的羚羊。此时，一只羚羊也在沉思：明天当太阳升起，我要奔跑，以逃脱跑得最快的豹子。那么，无论你是豹子还是羚羊，当太阳升起，你要做的就是奔跑！也只有奔跑才会有希望。

生活从来没有一帆风顺，那些强大到让你仰视的人，谁不是舔舐着伤口奔跑？

也许你奔跑了一生，也没有到达彼岸；也许你奔跑了一生，也没有登上峰顶。但是抵达终点的不一定是勇士，敢失败的未必不是英雄。只要你不放弃，带着伤口继续奔跑，就一定能在自己的世界里大放光彩。

影视明星胡×就是这样一位带伤的奔跑者，23岁那年他一夜成名，却在24岁经历车祸、毁容，25岁整容、回归。现在，我们可以清楚地看到他的伤疤，但也能感受到他散发的光芒。

有人说，长得好看的人，是被上帝亲了一口的苹果。那时候，他就是被上帝眷顾的苹果，因为上帝的眷顾，他获得了平常人难以获得的鲜花和掌声。

但命运似乎跟他开了一个天大的玩笑，一场车祸让他失去了一切，他的脖子和右眼缝合了100多针，并在四天内经历两次全身麻醉的手术。那段时间，他以为自己将会失去一半的光明。

在被推进手术室之前，他一直在思考如何面对右眼的失明。右边脸上血肉模糊，他内心充满无助，他在救护车上向医生询问右眼的情况，得到的答案是不确定。他在香港治疗时，经纪人跟他说眼睛缝了不能哭，他只能把头放得很低很低，让眼泪掉在地上。

## 02

一年后，他选择了复出，虽然自己脸上有了疤痕，但他选择带伤前行。他突然明白，自己是个演员，不是个明星。他说："回不去的皮囊，可以用思想填满。"

他用一整年的时间回归话剧舞台，通过话剧来磨炼自己的演技，他通过话剧获得第二届丹尼国际舞台表演艺术最佳男演员奖。后来刷爆荧屏的两部电视剧再次让他名声大噪。

正如他所说："没有什么值得去遮掩的伤痕。所有出现在生命里的波折，所有留在我们身上命运的痕迹，都是我们区别于他人独一无二的标识。伤疤，放不下是缺陷，放下了就是勋章。"

车祸后，如果他选择一蹶不振，那么就不会取得今天的成就，苦难有时候是上天送给我们的礼物，真正的强者一定会在苦难中涅槃重生。

尼采说："那些杀不死你的，终究会让你更强大。"真正的强者都是带着伤口奔跑的，他们无法预知明天和意外哪个先来，但他们会让自己变得更加优秀，当意外来临时，依然能够微笑着应对。

我们看到那些勇敢和完美的人，谁不是带着伤口依旧向前奔跑？在某一个时间段，我们会感到命运的无奈，看不见未来也找不到希望，只能感觉到心口的疼痛，可是只有带着这些隐隐作痛的伤口，我们才能站得更高。

## 03

人生就是一条漫长的旅途，谁都会面临崎岖的小路，这条小路上也一定会布满荆棘，你要做的就是扫除障碍，在困难中崛起。纵使生活有一千个理由让你哭泣，你也要拿出一万个理由来笑对人生。

当生命为你关上一扇门，它一定会为你打开一扇窗，真正的强者一定会带着伤口奔跑，他们会耐心地寻找属于自己的那扇窗。伤口会让一个人变得更加勇敢，纵使自己的世界充满障碍，也一定会用尽全力扫平。

俞敏洪说："人这一辈子有某些东西束缚着我们，不管是困难还是自己的社会地位，不管是道德还是法律，生命的抗争就是在束缚中跳出最美丽的舞蹈。"

这世上没有一马平川的生活，谁不是跌跌撞撞一路前行，哪怕在前行的路上摔得全身是血，但至少我们一直走在路上，总好过做一个随波逐流的抱怨者，得过且过只会让自己的人生更加糟糕。

不管你的生活有多么不如意，遇到多少困难，你都要默默地坚持，千万不要懈怠，不要以为生命很长很久，你还有足够的时间去浪费。

时光易逝，我们要在有限的时间里让自己变得足够强大。

# 感觉累就对了，
# 因为你在走上坡路

## 01

  心理学家通过研究人对外部世界的认识发现，每个人最渴望的就是待在舒适区，整天无所事事。躺在床上，吹着空调，追着自己喜爱的连续剧，这确实是一种非常舒服的活法。

  有段时间，"躺平"刷爆朋友圈，并成为很多年轻人羡慕的生活方式，但殊不知这种安逸正在悄悄惩罚你，当你失去为梦想奋斗的动力，这个残酷的世界也会淘汰你，会让你越来越弱。

  朋友，床上没有你的未来，只有你虚度的青春！

  几年前，单位里来了两个姑娘，她们的硬件条件都不错，毕业于同一所大学，但她们对工作的态度完全不同。小A是迷恋舒适区的人，即使遇到不错的新闻，也不想去跟，总是在办公室里混日子；而小B则不一样，无论是酷暑还是寒冬，都一直坚持。

  小B的个性签名是："感觉到累就对了，舒服是留给死人的。"

  时间一长，她们终于拉开了距离。有一次，主任带她们去做采访，小B轻车熟路地很快做完，而小A连采访的基本方式都忘记了，在小B的帮助下，才顺利采访完。

主任看到她们的稿件时，不禁长叹一口气，他对我说："到底是什么原因让两个水平相近的人最后拉开了距离？"

我说："应该是心态，从开始小A就没有进入工作状态，她只是舒服地混日子，这样的结果肯定是自己越来越弱。"我说完后，主任点了点头。

其实，躺着让自己舒服，本身没有问题，但如果这种力量太强，就会让你放弃追逐梦想的动力，这非常可悲。

## 02

生而为人，我们都在为自己的梦想奋斗，但很多时候我们觉得天上会掉下馅饼，我们会在年轻的日子里把自己过成发条，随波逐流地享受舒服带来的惬意，但是这种生活会害了自己。

二十几岁的人想过八十多岁的生活，这确实太可悲了。

我们要有一颗挑战的心，只有这样才会让自己变得更强，才不会被世界淘汰。

很多人表面上一直在努力地追逐梦想，但从来没有得到一个好结果，有多少人嘴上说一定要逃离舒适区，却依旧熬夜追剧、看漫画，最后虚度了青春。

我们过得太舒服了，所以才喜欢一路安逸地走下去。早上睡到八九点，醒来随便吃几口饭，然后玩电脑，打游戏，如果时间富裕，再谈谈恋爱，逛街、吃饭、看电影，然后在朋友圈吹吹牛，也许这样的一天你不觉得浪费，但当所有浪费的一天聚集起来，那就是自己的未来。

生于忧患，死于安乐，你的太安逸一定会消磨你的斗志。

我们每个人都不曾满足现状，表面上想努力地去改变，但又喜欢现在的安逸，不用操心什么，每天吃吃喝喝，享受生活带来的乐趣。

03

朋友格子在一家单位工作了五年，后来的同事都陆续升职了，但是她却原地踏步。对此，她百思不得其解，她不明白为什么有些人明明没有自己努力，却比自己升职得快。

格子的生活方式很简单，在单位里认真做好领导交代的工作，回家后就开启刷朋友圈、追剧模式，她天真地以为大家跟她的生活方式完全一样。

当她跟好朋友晓丽提起这事时，晓丽说："真羡慕你还有时间刷朋友圈、追剧，我好多工作都做不完，恨不得自己有三头六臂。"格子说："每天的工作都很简单啊，想不到你效率这么低。"格子说完，晓丽并没有说话。

格子根本不知道，晓丽是按照更高职位的工作内容要求自己，她知道只有自己对这些工作得心应手，才能更容易获得提拔，她何尝不想舒服地躺在床上追剧，但如果这样下去，那么自己的未来将一片渺茫。

很快，晓丽获得了升职，而格子还是原地踏步，她或许这一生都不知道自己跟别人的差距在哪里。如果一个人在舒适区里待久了，按部就班地做好自己的工作，那么她的未来一定不会很好。

年轻是我们的资本，我们要做合理的规划，尽最大的努力为自己争取机会。

无论如何，这漫长的一生总会过去，趁着还有时间和精力，去做些喜欢的事情，让所有不舒服的事情变得舒服，让曾经的梦想变成现实。

## 04

如果你足够聪明，那么请逃离消磨你斗志的舒适区，千万不要让自己陷入安逸中，哪怕努力的路充满艰辛，哪怕居无定所、颠沛流离，你都要努力去追逐，去酣畅淋漓地搏一次。

面对这仅有一次的人生，我们一定要活出精彩，等我们老了，拼不动了，再回去躺在床上舒服也不迟。

李尚龙说："真正的强者，他们在年轻的时候，一定会经历沧桑，化解迷茫，学会坚强，懂得疗伤，他们一定会让自己变得更强。"

坐井观天的故事大家都听过,很多时候,我们其实就是井底的那只小青蛙,如果不跳出那口舒服的井,怕是永远都不会知道世界有多大。

有时候我想不明白,我们这么年轻,为什么喜欢舒服地躺着,遇到有想法的事情也不想去做,这真的很可悲。其实,年轻人就应该有冲破舒适区的勇气。

打破舒适区,才会让自己更加卓越,才能给自己带来持久的幸福。

一个人的一生至少该有一次不顾一切的闯荡,不求结果多辉煌,也不求身边有多少同伴,只要坚定地朝着梦想努力,这就足够了。

生活本身是一匹野马,我们则是骑在这匹野马上的将军!人生是自己的,该怎么掌控,往哪个方向走,都要为自己做个规划,为这个目标去努力!

趁着自己还年轻,你应该去开拓自己的视野,让自己的活力散发出来,也不枉自己的青春岁月。

# 不要假装努力，
# 结果不会陪你演戏

## 01

写作以来，我经常会收到读者朋友的各种问题，他们觉得自己已经很努力了，但结果依然很糟糕。时间久了，我突然发现，那些所谓疯狂努力的人不过是在自欺欺人。

有位读者给自己的未来做规划，她觉得自己英语不行，所以想努力学英语，给自己增加个挑战高薪的筹码。

她是这么说的，也是这么做的。一段时间以来，每天都能看到她在朋友圈晒打卡，没有落下一节课，隔着屏幕我仿佛都能看到她光辉灿烂的未来。

一次，我们在微信上聊天，我说："真佩服你的毅力，你坚持了两年，现在英语水平应该不错了吧。"出乎我的预料，她发过来一个大哭的表情，然后说："别提了，到现在还是老样子，真是烦死了。"

她说完，我以为是谦虚，这么努力，怎么可能是这种结果呢？

后来才知道，原来她所有的努力都是假装的。为了让大家觉得她努力，每次打完卡发完朋友圈后人就消失了，其实她觉得英语枯燥难学，自己根本不可能学会。

朋友圈的努力是个假象，最终的结果是什么都不会，这种努力不过是自欺欺人，一边骗着自己，一边秀给别人看。

如果到头来自己一无是处，那么就会不断地抱怨社会，觉得社会不公平，自己那么努力都没有得到想要的结果，可扪心自问，你真的努力过吗？

## 02

有些"努力"，的确能感动自己，甚至还感动了朋友圈。可是，如果不是有效的努力，最终都会沦为一场表演。

有多少人有了努力的姿态，却少了努力的行动，他们的努力实际上就是"勤奋的懒惰"。不过是用时间的量，给自己制造勤奋的假象而已。

可怕的是这种人并没有觉得自己有什么问题，他们不仅沉浸在自己的世界里，还会被自己所谓的"努力"感动得稀里哗啦。

然而实际上，他们虽然付出了时间，但收获几乎为零。等结果出来后，这种努力的假象，一戳就碎了。

我们都讨厌不求上进的人，但似乎正在成为这种人。虽然一直不安于现状却又没勇气改变，做着无效的努力麻痹自己；怀揣着为梦想奋斗的心,却没有践行梦想的命;习惯于把"想做"当成"在做",把"在做"当成"做到"。

我们总觉得自己付出太多了,但结果却实在难以接受,然后开始怨天尤人,抱怨上天的不公平,一遍遍地为自己找借口,却不去寻找造成这种现象的根本原因。当回过头来才会发现,这些努力不过是在浪费时间。

网上看到一句话,深以为然:

"其实真正的努力,从来不是比谁熬夜到更晚,比谁花的时间更多,比谁把自己虐得更惨,而是找到合适的方法,抛下杂念,全身心地投入一件事情。"

成年人的世界,最怕的就是自欺欺人,没有人在乎你努力的过程,他们只关心你努力的结果。你只有不把努力当成表演,不断提升自己,人生之路才会走得更远。

## 03

这世上有一类人很讨厌,他们所做的一切都是表演,生怕别人不知道他们有多委屈,以为为梦想付出了努力,殊不知这一切不过是假象。

真正努力的人会默默地坚持,一步步地扫清通往成功路上的障碍。

有一个朋友是典型的创业狂人,他很少在朋友圈里求赞,而是一直脚踏实地地努力，在平常根本看不到他努力的影子。要不是他带着成功出现，我们甚至都把他忘了，正是凭借这份有效的努力，他终于实现了自己的价值。

其实，一个努力追逐梦想的人真的值得赞扬！

低水平的努力只是一件华丽的外衣，它掩盖了不思进取的事实，纵使会给别人造成努力的假象，但却最终害了自己。

雷军曾说："永远不要用战术上的勤奋，去掩饰战略上的懒惰。"

在努力的过程中，也许你需要冷静客观地思考，甚至做出改变，但真正有效的努力绝对不是只停留在脑海。

诚然，每个人都有惰性，一时的犯懒并不可怕，最可怕的是假装努力，它会让我们对自己的懒惰浑然不觉，以为自己真的在努力。

生活中，我们常常会不知不觉地变成假装努力的人，一直把努力挂在嘴边，从来不去付诸行动，就算行动了也只是简单应付。

假装努力的后果很可怕，这会消磨我们的意志，让我们变得拖延，并且无法专注。越假装，后果越糟糕。

## 04

那些真正努力的人，从来不会跳出来表演，他们总是"闷声发大财"。有个同学，很长时间不联系了，前段时间在微信上聊起来,才知道他已经是公司的老板了。

要不是这次聊天,我甚至忘了有这样一个同学。

谈起这几年,同学感慨万千。因为创业,他付出了太多,但最终还是咬牙坚持过来了。

那段日子苦不堪言,他各个街区发宣传单,随身携带充电线,一天里要停下来充电两次。等着充电时,正好胡乱地吃几口饭填饱肚子。

在寒冷的冬天,他依然行走在路上,有时候冻得手都伸不出来,但他还是没有退缩。因为知道自己想要什么,所以他为了这个结果疯狂地努力。

上天永远不会亏待认真努力的人,他的付出终于换来了回报。

其实,世界就是这个样子,大家关心的永远都是结果,而不是过程。如果最终没有一个好的结果,那么你所有的努力不过是经历。

在通往成功的路上,每个人都是孤独的,完全没必要把你的努力展示给大家看,因为这毫无意义,你要做的就是努力前进,争取早日实现自己的价值。

如果你认真有效地努力了,那么你一定会有一个光辉灿烂的未来。

# 真正厉害的人，
# 没有时间抱怨

## 01

有个朋友是一家公司的总经理助理。中午一起吃饭，她说了这样一件事：

早上总经理叫她去办公室，让她把一名员工调到另一个部门。朋友说："这个部门在公司最容易被忽略，调到这里一般就没有出头之日了。"

我问她怎么会这样？

朋友简单地说："这人什么都好，就是太爱抱怨了。"在朋友的讲述中，我终于知道这名员工是什么样的人。

这名员工是公司的老人，凭着能吃苦从基层一步步干上来，却因为抱怨又一步步降了下去。遇到问题，他首先想的不是改变，而是抱怨。

每天只要有机会说话，他就开始抱怨。这些年，他老是觉得自己亏，结果越抱怨，境遇越差。

因为他的抱怨严重影响了公司其他员工，所以总经理发怒了。

生活中，有很多人也是这样，明明是自己的问题却不停地抱怨，明明自己不努力却觉得自己受到了天大的委屈。没有成绩，前途一片黑暗，按理说应该奋力改变，想办法给自己镀金，然后实现自己的价值，但这些人却把所有的问题都归结为外部因素。

爱抱怨的人无法控制情绪，也不懂得自我调整，只是由着自己的性子来，他们不知道抱怨是一切关系的杀手，也不知道自己的坏情绪会让他人厌烦。

越抱怨，越没用，最后只能成为一个无法实现人生价值的人。

## 02

不可否认，生活中爱抱怨的人大有人在：考试失败，抱怨试题太难；工作失误，抱怨客户难缠。

抱怨的人，只需要动动嘴，就可以把自己的责任推得一干二净，还减轻了自己的内疚感，让自己心安理得地浑浑噩噩，维持现状。

孟子曰："行有不得，反求诸己。"做事情不成功，遇到了挫折和困难，要从自己身上找原因。

我有个朋友也是爱抱怨的人，他在一家技术性公司，却与技术无缘，相比较别人的工作岗位，自己的就显得弱了一些。

在朋友的眼里，自己的工作岗位没有半点用处，工作琐碎，收入有限，毫无技术含量，根本没有很好的前景。

大家劝他好好干，是金子一定会发光的，但是朋友就是不听。前段时间，公司裁员，朋友被裁掉了，这下他连抱怨的机会都没有了。

也就是在这一刻，他才知道这份工作对自己有多重要，但正是因为自己的抱怨，才出现了这样的结果。

爱抱怨的人，运气不会太好。一个人与其抱怨，不如找到问题的症结，出手解决问题。

当你不再抱怨，全力以赴地去努力，就一定会实现自己的价值。等实现价值再回过头来看，你曾经的抱怨根本不值一提。

遇到问题，强者都会想办法改变，只有弱者才会抱怨，最后连机会也没了。

03

一个人与其抱怨，荒废时光，还不如给自己提盏灯，照亮未来的路。

前段时间同学创业失败，我觉得他肯定特别颓废，胡子拉碴，便前去安慰。推开门，我惊呆了，同学不仅没有我想的颓废样，而且整个人看上去特别乐观。

我好奇地问："失败了，难道心里不难过吗？"

同学笑着说:"当然难过了,但是没用啊,我正在找失败的原因,给自己未来的路找一盏灯,相信下次就不会出现这样的问题了。"

同学说完,我对他竖起了大拇指。

事实上真是这样,那些成功者往往能及时地调整自己的心态,寻找问题的症结所在,绝对不会把时间浪费在抱怨里。因为他们知道,抱怨没有半点用处,只会让自己更痛苦。

他们会努力地寻找自己前进的灯,用这盏灯照亮自己未来的路。

抱怨,除了让自己生气,让别人讨厌,什么都得不到,还浪费时间。每个人的时间和精力都是有限的,不要把本该用来改变的力量用到了抱怨上。

一位心理学家说过:"遇到同样的问题,为什么有些人成长了,有些人垮掉了?核心原因在于人的内在力量。"什么是内在力量?就是与负面情绪相处的能力。

一个人只要不抱怨,懂得给自己提盏灯,那么他就赢了。

## 04

鲁迅曾说:"地上本没有路,走的人多了,也便成了路。"

有时候前途只是暂时黑暗,但你可以给自己提一盏灯,等你拨开云雾,一定会见到天晴,山重水复处,定然会柳暗花明。

人生之中，千万不要抱怨，这会害了你。

如果一个人只知道抱怨而不想去改变，那么就算拿了一手好牌，也不会打好。

有人说，这个世界是用能力和成绩来说话的，跌倒了就爬起来，有问题就想办法解决，抱怨真的没有什么用。对此，我深以为然。

暂时的失败不代表什么，只要努力地站起来，成功就会向你招手。无论何时，心中一定要有灯。心中有灯，哪里都是路，未来也会一片光明。

# 人要有
# 敢做自己的胆量

## 01

林语堂曾经用一句话自勉:"我要有能做我自己的自由和敢做我自己的胆量。"

生活中,我们过于看重他人的评价,事事受人影响和左右,很难做自己真正想做的事。太在乎别人的看法,说到底就是没自信。

两年前,我开始写作,那个时候我从来没有发表过任何作品。当我决定写作时,朋友L劝我别冒险。他跟我说写作是这个世界上最卑微的劳动,通过写作赚钱养家更是不现实的。

我坚持了一段时间后发现确实如L所说,一篇文章浪费了自己大量的精力,到最后还是夭折了,我开始怀疑自己,后悔自己当初没有听L的建议。得知我的情况后,L说:"让你不听劝,现在认栽了吧。"

但我当时根本不死心,经过慎重考虑,我还是选择了继续坚持,这时L说:"你真是不撞南墙不后悔,等你碰得头破血流就知道自己有多傻了。"

我之所以选择坚持,一方面是对自己的文字有信心,另一方面是想让自己获得突破。那段时间我经常忙到深夜,不断地记笔记,拆解文章,有时候看到一句非常好的句子,我会特别兴奋,就像捡到了宝贝。为了能更好地输出,我选择疯狂地输入。

那段时间,陪伴自己的除了一盏孤灯,还有滴答的钟表,我记不清自己到底写了多少废稿。

说实话,坚持不下来的时候,也想过放弃,当别人一遍遍地说写作是最傻的投资时,也想过结束这样的日子,但最终还是坚持了下来,因为我相信自己一定可以。因为自信,我一路坚持,在疯狂的努力下,我终于有了一点小成就。

我不仅上遍全国各大杂志,而且成了很多公众号的签约作者,如果当时我听信L的看法,那么断然不会取得这些成就。

真正自信的人,不会受别人的影响,不论别人如何评价自己,他们都会坚持做自己想做的事情,尽最大的能力实现自己的人生目标。

## 02

有段时间,电视剧《延禧攻略》很火,看完后我突然发现,魏璎珞就是特别自信、不在乎别人看法的人,她的内心足够强大。

面对姐姐的死亡，家里所有的人都因为畏惧皇权而选择隐忍，父亲为了让她放弃报仇，甚至以和她断绝关系相要挟，但她不为所动，坚持进宫为姐姐报仇。

　　她在宫中遇到了真心关心自己的人，当对方劝她放弃时，她依然选择坚持，绝对不会因为别人的看法而改变自己。

　　魏璎珞有自己的一套原则，对于欺负了自己的人，她从来都是正面反击，对于软弱的人她也不屑于欺负。她知道自己想要什么，最后在皇宫这个大染缸中，活出了真实的自己，走到了人生的巅峰。

　　现实生活中，我们很难做到不在乎别人的看法，别人无意间的一句话可能就会让我们闷闷不乐，甚至开始怀疑人生，从此一蹶不振。

　　我们太在乎别人的看法，越来越做不好自己了，而那些强大自信的人，从来不会被别人的意见牵制，他们只想做最好的自己。

　　这世界上，有很多人过着一成不变的生活，他们太在乎别人的看法，当别人给他们的热情浇上一瓢凉水时，他们会很自然地退回来，再也不敢谈自己的梦想，觉得那太奢侈，他们开始在别人的看法里得过且过。

## 03

　　看过一个故事：

　　美国歌唱家玛利亚非常喜欢唱歌，未成名前她每天都在房前的空地上练习。邻居冷笑着说:"你即使练破了嗓子,也不会有人为你喝彩,因为你的声音实在太难听了。"

玛利亚听了并没有自卑或者生气,她说:"我知道,你所说的这番话其他人也对我说过很多次,但我不在乎,我是为自己而活,不需要活在别人的认可里。我只知道我在唱歌的时候整个人都充满自信,所以无论你们怎么指责我的声音难听,都不会动摇我继续唱下去的决心。"

这说到底就是自信,后来,凭借这份自信,玛利亚成了一名伟大的歌唱家。

真正自信的人,绝对不会受限于别人的看法,因为他们的内心充满底气,知道未来的路该如何走。

一个人越是自卑,就越会在意别人的看法,也越会忽略自己的感受,自己仿佛木偶一样拼命活给别人看,最后将真实的自我囚禁在了深深的黑暗里,更加自卑。

但那些真正强大自信的人,根本没有时间去在意别人的看法,他们能够真正认识自己,知道自己是个什么样的人,可以坚定不移地为了自己心中的梦想而去努力奋斗。

## 04

阿兰·德波顿说:"人类对自身价值的判断有一种与生俱来的不确定性,我们对自己的认识很大程度上取决于他人对我们的看法。"

电影《阿甘正传》里有一段经典对白，别人问阿甘："你以后想成为什么样的人？"阿甘回答："什么意思，难道我以后就不能成为我自己了吗？"

事实上真是这样，不在意别人看法的人才会活出自我，做最好的自己。只有内心缺乏底气，特别想获得别人的认可的人才会在乎别人的看法。

每个人都有自己的认知方式，对是非优劣都有自己的一套判断标准，一味追求别人的认可和喜欢，只会让自己无所适从，陷入严重的自我怀疑中。

如果你太在乎别人的看法，那么根本无法做回真实的自己。我们每个人的一生都会遇到很多不顺，不同的是，有的人在别人的看法中缴械投降了，而有的人继续坚信自己的想法，不在乎别人的意见，他们知道徐来的清风一定会吹去身上的阴霾。

歌德曾经说过："每个人都应该坚持走为自己开辟的道路，不被流言吓倒，不被他人的观点牵制。"

真正自信的人，不会盼望每个人都对自己满意，因为他们知道这根本不切实际。太在意别人看法的人，最后只有两种结局：要么自己被累死，要么让别人整死。

如果我们足够自信，绝对不会在意别人的评价，更不会受到外界的影响，那么才能真正感受到自己内在的美好。

第六章 Chapter 6

全力以赴的人生，虽败犹荣

# 懂得坚持的人，
# 终会被温柔以待

## 01

这个世界并不完美，甚至有些残酷，当全力以赴结果不如意的时候，很多人就会放弃，完全放低对自己的要求，在布满阴霾的心里自怨自艾。

其实，不如意才是人生常态，我们无法预判未来的生活，幸福也好，痛苦也罢，但我们能调整自己的态度，对自己严格要求，获得人生的奖赏。

如果连你都放弃了自己，那么基本上是没有好的未来的，你的放弃会让自己未来的日子过得步履维艰，最终让自己活在深渊里。

任何时候都要知道，只有不放弃自己，人生才有奇迹。

## 02

当一个人心理崩溃了，他的整个世界就都崩溃了，没有人能劝得了他，因为他明白所有的道理，只是自己把自己放弃了。

严格要求自己，刚开始看似没什么，但实际上对自己未来的日子影响深远。

人在低谷时，最好的办法就是不放弃，坚信自己一定行，唯有如此，人生才会有新的机会。就怕你内心崩溃，再也无法奋斗出一个绝地反击的故事。

功成名就的人不是多聪明，而是懂得坚持，懂得永不放弃的道理。

朋友文娟是一名地产销售，一开始她的业绩并不好，在所有销售中，她几乎垫底。领导看不起她，朋友嘲笑她，总之没有人看好她，也没有人给她鼓励。

换作别的销售可能早就辞职不干了，既然赚不到钱，何必在这里受尽白眼，委屈自己呢？

但是文娟没有，因为她始终相信一个人对自己严格要求，日子不会过得太差，就算再难也总有熬过去的一天。

就这样，文娟每天非常努力，不是给客户打电话，就是介绍楼盘情况，不是跟优秀同事学习，就是陪客户看房。在这种劳动强度下，每次下班，文娟整个人几乎累瘫了，但她没有怨言，继续坚持。

有些人的成功看似偶然，实则是必然的。

在这份坚持下，文娟卖出了第一套房子。签订合同时，客户对文娟说："你知道吗？这套房子我并不是很满意，但是你的坚持让我很感动,因为你这个人,我觉得错不了。"

客户说的话很简单,文娟心里却暖暖的,因为这世上没有一个销售员不渴望被认可,这种认可并不单指金钱,更是精神上的满足。

你可能觉得文娟的运气很好,但这份运气何尝不是她自己争取的,如果她受不了这种苦,最后放弃了,那么还会有这样的结果吗?

每个人最大的对手不是别人,而是自己。当你不想去战胜自己时,别人说得再多也没用;当你想战胜自己时,就算前面障碍重重,你也会披荆斩棘,走出个一马平川。

## 03

有句话说得好,当你懂得疼自己时,整个世界的人都会疼你。同样的道理,如果你不放弃自己,那么整个世界也不会放弃你;如果你放弃了自己,那么很抱歉,世界也会放弃你。

曾看过这样一个故事:

驯鹿和狼本来生活在同一个地方相安无事,但后来突然有一只狼攻击驯鹿群,以迅雷不及掩耳之势抓伤了一只驯鹿的腿。

虽然狼的速度很快,但并没有造成实质性的伤害,如果你以为这就结束了,那么就错了。后来不同的狼都会攻击这只驯鹿,一开始驯鹿还反抗,但因为旧伤未愈,又添新伤,驯鹿渐渐丧失了反抗的勇气。

当驯鹿越来越虚弱，完全不能对狼群构成威胁时，狼群也不再兜圈子，而是直接攻击，饱餐一顿。

狼攻击驯鹿是一个偶然，因为驯鹿无法预知危险，这就像我们也无法预知危险一样。但当被攻击后，驯鹿应给予反击，而不是默默忍受，否则危险就会放大，甚至失去生命。

见过驯鹿的人应该知道，相比较狼，驯鹿体格高大，狼群是很难奈何它的。如果它反抗，那么狼根本不是它的对手，但很遗憾，它自己打败了自己。

面对狼群的攻击，驯鹿心理崩溃了，最后它选择了放弃自己，这样的结果自然是被狼群饱餐一顿。

对于一件事，坚持可能不一定会有好结果，但是放弃一定不会有好结果。在这个世上你不要抱怨任何人，更不要觉得世界不公平，因为如果你不放弃自己，那么没有人和事能奈何你。

但如果你放弃了自己，消极地应对生活中的困难，那么肯定会受到生活最严厉的惩罚。人生实苦，你要做的不是继续品尝苦，而是想办法给自己的人生加点糖。

生活中，大多数人遇到困难首先想到的不是怎么做，而是放弃，因为害怕输，因此不想去挑战，正是这种畏缩的心理，让其很难实现自己的人生价值。

## 04

　　你可能会因为最后没有成功而否认自己，但事实上任何成长都很精彩，即使你只是超越了自己而没有超越任何人。

　　人生在世，没必要想很多，你只有勇于突破内心的阻碍，相信光明的存在，才能真正拨开云雾见天晴。

## 活路不是别人给的，而是自己杀出来的

01

在一个群里聊天时，突然看到一句话，我深以为然："活路不是别人给的，而是你自己杀出来的。"这句话确实很有道理，很多时候，我们总是抱怨上天对自己不公平，但从来没有想过自己为此做了什么。

某公司有个签约作者群，群里实行淘汰复活制，而且复活的机会只有一次，具体要求是每个作者每月都要完成两篇稿子，如果完不成则在下月要完成四篇，这样就可以复活了，如果还是完不成，那么只能出局。

有很多作者总是等到最后才写稿，当觉得自己完不成的时候，就想让编辑给自己一条活路，不想就这样被淘汰出局。

说实话，对这样的行为我是鄙视的，每月只有两篇稿子，完成起来应该非常简单，之所以完不成，就是因为自己太懒了。

或许你可能觉得自己的事情特别多，真的顾不上，那么谁事

情不多呢？我有一家中型超市，年底的时候特别忙，但我还是如约完成了几个公众号的任务。

那段时间，身体就像散了架，每到晚上就想倒头就睡，但最后还是说服自己坚持下来。这个世界上有很多条活路，就看你怎么走。

如果你不奋力去杀，那么活路也有可能变成死路，相比痛苦的自怨自艾，还不如努力地杀出去，至少这样还有成功的机会。

在安逸的生活面前，每个人都想不思进取，但这绝不能成为摧垮你的理由。很多时候我们总是抱怨自己运气太差，殊不知这一切都是自己造成的。

## 02

《士兵突击》中有一句话："想要和得到中间还有做到。"我很欣赏这句话，也明白了完成一件事要付出多大的努力。

在这部电视剧中，按理说许三多的人生是没有希望的，本身是超生，被父亲整天骂龟儿子，胆小、自卑、懦弱，跟同村的成才根本没法比。

进入部队后，成才成了各大连队争抢的对象，而许三多没有人愿意要。如果说他还有点幸运的话，那就是跟了一个好班长。

是的，摆在许三多面前的就只有一条路，如果自己不杀出去，那么一切就这样结束了。但最终他明白了自己想要什么，所以为了这个结果他拼尽了所有的力气，终于让自己逆袭。

命运对每个人都是公平的，你做了什么它都会有记录。如果你为此疯狂地努力，那么结果一定是好的，也一定会有很多条活路等着你去挑。但如果你无所事事，随便应付，那么结果必然会非常糟糕，到头来一事无成。

鲁迅说："哪有天才，我只是把别人喝咖啡的工夫，都用在了工作上。"

这世上所谓的天才就是努力的力量，就是对工作全力以赴的人，就是为自己人生路上披荆斩棘的人。

## 03

我佩服那些坚持的人，更佩服那些想尽一切办法为梦想找活路的人，一个人如果没有了梦想，那么跟咸鱼又有什么两样呢？

有个朋友就是没有梦想的人，虽然她跟每个人都说自己的计划，但是她从来不会去做。因为害怕失败，她根本不去尝试。

她有大把的时间可以利用，但她没有，而是把时间浪费在无聊的肥皂剧上。那段时间公司裁员，她赫然在列，为此她感到非常委屈，就找领导理论。

领导说："对不起，我没有办法不这么做，公司里面不会养闲人，以你目前的能力根本不能胜任现在的工作。"从领导办公室出来后，她哭得稀里哗啦，但无论怎样，职场都不会相信眼泪。

本来摆在她面前的是一条活路，但她却走死了，可能在这个过程中她觉得无所谓，但当结果出现的时候，她终于意识到了问题的严重性，但一切都晚了。

你为梦想偷的懒，就是给未来挖的坑，这一切都怨不得别人，只能怪你自己。一个人只有努力成全自己的梦想，成为自己的英雄，才能无悔这一生。

## 04

之前，有一条新闻刷屏。

河北省唐山市地方政府把地方上的路桥收费站都取消了，之前收费站的工作人员也面临着下岗，于是他们去找有关领导讨说法。

在这群下岗人员中，一位36岁的大姐说："我今年36岁了，我的青春都交给收费站了，现在啥也不会，也没人喜欢我，我也学不了什么东西了。"

有些人以为自己一生都是活路，所以不会去改变，这使人丧失斗志，如同温水中的青蛙，一旦遇到危险，就会陷入被动当中，最终死路一条。

其实，你要知道，活路不是别人给的，而是你自己杀出来的，如果想时刻拥有活路，那么就要养成随时随地学习的能力，克服自己的懒惰，为了梦想全力以赴，这不仅是一种纵向的自我提升，在横向上也是对自我人生的一种丰盈。

如果你想走得更远，那么千万不要放弃学习的能力，这个世界是变化的，谁也不知道会在什么时候遇到危险，我们唯一要做的就是让自己变得更加强大。

# 坚持努力，
# 最坏的结果不过是大器晚成

## 01

工作第一年时，我对未来充满焦虑，不知道自己的未来是什么样子，对同龄人取得的成就也经常羡慕不已，哀叹命运的不公。

那个时候，租房和骑自行车成了我上班的标配，整天浑浑噩噩地混日子。

当我在忧虑中消磨时间时，工作上出了很大的错误，为此领导专门找我谈话。不得不说我的领导还算比较仁慈，并没有直接开除我。

但我却不知天高地厚地辞职了，我甚至觉得自己之所以生活得差就是因为这份工作。

辞职后，我依然对未来充满担忧，会经常陷入梦幻中，幻想自己某一天突然能光宗耀祖。在这种思想的影响下，我经常好高骛远。

因为对未来充满担忧，我的人生之路变得异常艰难，甚至连一些很微小的梦想都难以实现，在某一段时间我甚至放弃了自己。

当时完全不想再努力，觉得就算自己拼尽全力，结果还是老样子，与其这么辛苦，不如相信命运的安排。

就这样，我浑浑噩噩了很长时间，不知道人生何去何从。

如果我一直这样下去，那么可能真的一事无成了，幸运的是一段时间后，我试着调整自己，努力改变自己，因为属于我的时间越来越少了。

那段时间，我不再选择忧虑，而是一步步地前行，也不再考虑结果，而是尽自己最大的努力去争取。我开始疯狂地写作，开始为了梦想全力以赴。

很快我的文章在各大报纸杂志和公众号上发表了，也获得了自己一直渴望的结果。

其实，所有的路都需要我们一步步地走，我们对未来的担忧不过是在浪费时间，与其有时间担忧，不如全力以赴，只要你一直在路上坚持，最坏的结果也不过是大器晚成。

## 02

钱钟书先生说：

"似乎我们总是很容易忽略当下的生活，忽略许多美好的时光。而当所有的时光在被辜负、被浪费后，才能从记忆里将某一段拎出，拍拍上面沉积的灰尘，感叹它是最好的。"

我们很难满足当下的生活，总觉得自己应该可以做得更好，但这些只是止于想象，很难落实到行动上，于是一直在后悔中停滞不前。

我有个同学也是对未来充满了担忧，他害怕自己的梦想无法实现，他抱怨自己生不逢时，但他从来不做，总是一边发牢骚一边退缩。

当同龄人比他生活得好时，他就说别人运气好，从来看不到别人付出的努力，他觉得这世上所有的一切并不是努力的结果，而是命运的安排。

在这种思想的影响下，他工作做不好，生活也过不好，一直生活在对未来的担忧之中，因害怕失败而从不开始，我建议他多努力，免得将来让自己后悔。

没想到他说："这个时代，并不是努力就能换来成就的。"

对于他的想法我实在不敢苟同，虽然努力可能暂时改变不了什么，但不努力绝对不会有改变，与其原地踏步，不如付诸行动。

这世界上没有一个人是不用努力就会获得成功的。

司马光从小是个贪玩、贪睡的孩子，经常遭受先生的责罚和同学们的嘲笑，一直生活在对未来的担忧当中。

后来，他决心改掉贪睡的坏毛病，便用木头做了一个警枕，早上一翻身，头滑落在床板上，自然惊醒，从此他天天早早地起床读书，坚持不懈，终于写出了旷世巨著《资治通鉴》。

在人生这条道路上，对不确定的事情担忧，就是浪费时间，当你选择担忧而不付诸行动时，你的人生注定会一事无成。

03

其实，真没有必要一直担忧未来，这太浪费时间了。

有这么多时间，我们完全能干很多事情，就算梦想之路步履维艰，也一定会有实现的那一天。

我们完全没有必要在起跑线上宣告自己要努力，终点处的成绩会说明一切。

我们只有耐得住寂寞，努力地去奋斗，才有实现自己价值的可能性。虽然有时候会痛苦和失望，但只要知道结果是好的，就可以了。

那些为梦想努力的人，老天从来都不会辜负他们的努力。对未来充满担忧但不思进取的人总是羡慕别人成功的结果，却没有想过那些人当初的付出。

没必要担忧未来，你只有踏实地做好当下的事情，才会让自己越走越远，才会迎来无限可能。

# 每一个当下的失去，
# 都藏着无限的可能

## 01

有些事真的看不透，明明成功在望，到最后还是一败涂地，本来以为能得到，最后还是失去，不论是工作、生活还是感情，好像都是这个样子。

我们一直苛求上天能给予机会，但是上天似乎根本不愿意给予。当你失去足够多的时候，也就失望了，你可能觉得宿命本该如此，但实际上并不是这样。

人生的路从来不是一马平川，会让你经历很多大风大浪，倘若你能守住这份考验，那么未来怎么可能会不好呢？

任何时候都不要抱怨上天不给你机会，不要想着运气会垂青自己，当你没有足够的实力，就算运气来了也抓不住。

## 02

有些人从表面来看好像没有付出,但是上天却格外偏爱他们,这些人做事也特别容易成功,那么事实上真是这样吗?不是的,你能看到的永远是表面,并不知道他们背地里有多努力。

成功虽然有偶然性,但也一定有必然性,如果自己的实力不够强大,那么就算给你再多的机会,你也抓不住。

说个朋友的故事吧。

朋友宁宁去年开始考教师编,她特别努力,经常学到很晚,因为过度用脑,头发也是大把大把地掉,为了心中的结果,宁宁忍受了这一切。

参加笔试的时候,宁宁考了一个不错的分数,完全在有效名次里,宁宁也觉得这次特别有希望,但谁也没想到面试结果特别糟糕,这样她从有效名次变成了无效名次,直接名落孙山了。

反观宁宁的朋友,笔试成绩一般,但是面试成绩却非常好,直接考了面试第一。宁宁觉得命运不公,为什么给自己这样的结果。

朋友笔试很一般,恰巧面试有补录,她才能顺利参加,但没想到来了一个华丽的逆袭。宁宁说从来没有看到朋友努力过,这完全是上天垂青她。

我一开始也这样以为,但是后来我明白了,也觉得宁宁的朋友完全应该得到这样的结果。她虽然笔试成绩差一点,但是这些年她一直带课，可以说对课程早已轻车熟路，反观宁宁却没有足够的经验。

别人努力了很久，也失去了很多，才有这样的结果，而宁宁完全没有付出对方这么多，怎么可能得到和对方一样的结果呢？

我劝宁宁放宽心，一次失败并不能代表什么，虽然暂时失去了，但并不代表以后还会失去，但如果你不努力，不想办法提升自己，那么当机会来临时，你依然抓不住。

人生就是这样，看似不公平，实则很公平。你付出了多少，那么就会得到什么，天上从来没有馅饼可掉，很多时候掉下来的是陷阱。

你要知道机会无处不在，无时不有，甚至在很短的时间内就会出现多次，但如果自己的实力不够，那么根本无法发觉，只能眼睁睁地看着它溜走。

## 03

与其抱怨失去，不如让自己变得强大，当自己足够强大，自己的世界也会强大，那么只要稍微有个机会来临，你也能完全抓住。

可能你没有绝地反击的勇气，但你一定要有不屈服的斗志。

失去了并不可怕，只要咬紧牙关坚持，就一定会有机会，机会真的只是留给有准备的人。

曾看过一篇报道：

有个小伙子创业多次，但很遗憾也失败多次，好像他真的不适合创业，当所有的人都觉得他不行时，没想到他最后却成功了。

有人问他秘诀，小伙子笑着说："当失败时，很多人会想自己为什么不成功，为什么会失败，只是抱怨，而我却从失败里找原因，给自己强大的力量。"

小伙子说得很简单，但是做起来真的很难，这需要很强的意志，需要不屈服的精神，只有这样才能在失去的时候及时调整心态，让自己重新充满力量。

若是一个人不考虑这些，只是自怨自艾，那么就真的没有成功的可能了，就算有些运气，也会让自己抱怨得无影无踪。

生活很难，但总要继续，既然失去了，没办法改变了，那么就不要抱怨了，要相信失去里藏着无限的可能性，只要你稍微用手抓一下，可能就是另一番景象。

人生得意须尽欢，失意的时候也没必要丧失斗志，请相信只要自己努力，人生就会有无限可能。

未来的日子里，愿你耐得住寂寞，失去了不气馁，用自己所有的力气奋斗出一个让别人羡慕的故事，让自己变得足够强大。

# 自律的程度，
# 决定了人生的高度

有段时间，朋友圈被某明星的爸爸刷屏了，无论是从打扮还是状态，都看不出那是一个72岁的老人，岁月这把杀猪刀似乎在他脸上没有留下丝毫痕迹，他依然健壮年轻。

他除了是房地产老板，还是一个运动狂魔，游泳、健身、打篮球，是他几十年如一日坚持下来的事情。

当被问到保养秘籍时，他说："运动才是最好的化妆品。"

事实上真是这样，难怪有人说，运动和不运动的人生比人和动物的区别都大，这说到底就靠强大的自律。

## 01

说到自律，演员邓×就是一个典型，也正是这份自律，让他的人生开了挂。

因为要在某电影中一人分饰两个角色，其中一个挺拔伟岸，另一个骨瘦如柴，所以坚决不用替身的他先在三个月内增重20

斤，然后又在两个月的时间里减掉了40斤。

曾有网友爆料看到邓×打篮球，当时的他瘦得皮包骨，网友还以为自己看花了眼，仔细看才确定就是他。

他太太说："他减肥减到没有了能量，大夏天需要穿秋衣、秋裤和袜子睡觉，那段时间，我就是他的拐杖，因为他需要人扶着走路。"

这种极端的减肥方式对任何人来说都是一个巨大的挑战，就算饿得头晕眼花依然要正常工作，这得有多强的自律能力呀！

这几年，邓×在电影中频繁亮相，片酬也越来越高，成为大家公认的好演员，有人说他的人生开了挂，可谁知道他付出了多少。客观来说，他并不是最出色的演员，不是最帅的也不是最成功的，但绝对是非常努力的。

很多人觉得他很幸运，可这份幸运是有代价的。因为有一股对自己的狠劲，知道自己想要什么，所以会为了这个目的拼尽全力。不玩命努力，怎么见成绩，没有人能随随便便地成功。

## 02

新媒体作家哈叔讲过一个自己的故事：

两个月前，哈叔与一位朋友打赌，如果一个暑假的时间朋友能成功减去20斤的体重，算自己输，赌约是2000块钱。

本以为朋友根本做不到，没想到，暑假过完后，朋友竟然来找他领钱了，哈叔说自己当时真的被朋友惊到了，他整个人瘦了一大圈。

朋友两个月内竟然足足瘦了30斤，面对这个结果，哈叔还是不相信，他问朋友是不是靠吃药。

朋友白了他一眼说："你才吃药呢。"在哈叔的穷追不舍下，朋友透露了减肥成功的秘诀：自律、坚持。

那段时间，朋友每天早餐正常吃，中午吃少一点，晚上几乎不进食，一杯牛奶或一点水果就打发了，再美味的东西放在面前，也会控制住不去碰。另外，他每天绕不远的学校操场跑上十圈，如果下雨天就爬楼梯，一爬就是十个来回，从未间断。

我们每个人都渴望自由，可如果你不能做到自律，又怎么会获得自由呢？

自由是有代价的，只有对自己有一股狠劲，知道自己想要什么，为了这个目的拼尽全力，才能实现，这世上没有人能随随便便地获得自由。

## 03

2017年《芳华》上映，很多人都被这部优秀的作品感动哭了。这部作品的原著作者是严歌苓，她不仅高产而且高质，几乎每一部作品都被搬上大银幕，成为风靡一时的畅销书。

严歌苓曾不止一次地被人问过，怎么才能高质又多产。

她每次都认真地说："我当过兵，对自己是有纪律要求的。

当你懂得自律，那些困难对你来说都是小儿科。"

事实上真是这样，高产的背后，是她自律的一生。永远在阅读，永远在写作，永远在用一种美好的姿态展示着她的才华。

她特别自律，每天至少写作6小时，隔一天游泳1000米，几十年如一日。就算每次坐到书桌前，她都会全身颤抖、痛苦到不行，她也会坚持下来，她知道只有坚持和自律，才能更好地体现自己的价值。

坚持做一件事情不难，难的是一辈子坚持做一件事，而且把它做到极致。

她不仅在写作上非常自律，还会坚持在繁忙的工作中锻炼身体，比如游泳和跑步。在网上看过一个关于她的段子：

她在餐厅等待迟到的友人时，竟然趴在包间的地上做平板支撑。当友人到达入座后，严歌苓把运动外套一脱，里面竟是一件符合晚宴标准的无袖露背紧身上衣。

严歌苓曾说："形象是女人的纪律。"

结婚多年，她依旧会在丈夫回家之前化好妆，因为她认为，丈夫应该看到自己很美好的样子。

有些人只是间歇性自律，但严歌苓不是，她几十年如一日，以钢铁般的意志自律着，所以即便已经60多岁了，她依然保持纤细的身材和优雅的状态。

一个人的自律中藏着无限的可能性，自律的程度决定了人生的高度。

## 04

自律，说到底是一场自己与自己的博弈。

我们之所以很难坚持下来，是因为懒惰的诱惑太大了。下班后，没有人不想躺在沙发上舒服地刷剧，可这种短暂的欢愉只会让我们更痛苦，因为它会让人慢慢废掉。

网上看到一句话，深以为然："懒惰的人，在长期的安逸里会愈加得过且过；拖延的人，会习惯找各种借口来安慰自己的无能；饮食不规律、作息不定时、人生无规划的人，会在工作上频频出错，生活里躁郁不堪。"

萧伯纳说"自我控制是最强者的本能"，可很多时候我们控制不住自己。

每个人都想成功和获得自由，可这一切是需要代价的。如果你抵挡不住诱惑，如果你不能建立良好的日常行为习惯，那么又怎么可能成功呢？

人人都想要自由，但真正的自由并不那么简单。如果你能像村上春树一样连续35年早上四点半起床，跑步十公里，然后写4000字的文章，那么你的人生一定是自由的。

真正能够登顶远眺的人，永远是那些心无旁骛、真正自由的人，必定是高度自律的人。愿我们能一直高度自律，活成自己喜欢的样子，过上自己想要的生活。

# 不想吃现在的苦，就无法品尝以后的甜

## 01

有个老朋友辞职后创业，本来觉得自己会成为行业的顶尖人物，实现自己的价值，但疯狂地努力后，却是痛心的失败。

带着激情出发，踩着失望而来，因为战略不清晰，没有成型的产品服务，团队也未能形成合力，很快，激情变为颓废，信心也在错误的道路上磨灭。

如果你觉得创业只是失败，那么就大错特错了，相比较失败，更重要的是对信心的打击。当一个人的信心崩溃，恐怕连出发的勇气也没有了。

看《超级演说家》时，对选手刘媛媛的演讲印象特别深。在演讲中，刘媛媛说："我们大部分人都不是出身豪门，都要靠自己，你要相信，命运给你一个比别人低的起点，是想告诉你，让你用一生去奋斗一个绝地反击的故事。"

刘媛媛出身寒门，没有丝毫背景，没有可以依靠的人，但她有涅槃重生的勇气。命运给我们挫折不是为了让我们臣服，而是绝地反击。

巴尔扎克说："挫折和不幸，是天才的晋身之阶，是弱者的无底深渊。"一个人如果承受不了挫折的打击，那么他很难实现自己的价值。

遇到挫折，我们学会了自我安慰，为了逃避生活的苦，我们学会了得过且过，如行尸走肉一般，不仅没有方向，也找不到未来。

我佩服那些为梦想奋斗的人，他们明知道存在不公平，但他们不愿意在这个不公平里沉沦，他们会用尽自己所有的力量打破这个局面，纵使粉身碎骨，也依然不悔这一生。

所有难熬的现在，都是为了那个甜蜜的将来，你要相信，当你咬紧牙关绝地反击时，整个世界都会给你让路。

## 02

在一期节目中，有一位叫高广利的脑瘫患者走进了大众的视线，他的表现让无数观众潸然泪下。

高广利是一名脑瘫患者，全身只有嘴巴能动，即便是这样，他也没有放弃自己。为了养活自己，他尝试用嘴折纸。经过不懈的努力，他最终学会了用嘴折纸的"独门绝技"，并获得了吉尼斯世界纪录认证证书。

为了学会用嘴折纸的技能，高广利吃了不少苦头。最初学折纸的时候，嘴巴被纸划破、将纸误吞入肚的事情时有发生，16岁那年还因此患上了阑尾炎。然而凭借自身的韧劲儿，他最终如愿以偿。

生而为人，我们不只因肉体而存在，更因我们之所以为人的追求而不凡。

他们是被上天"抛弃"的人，但他们终究没有放弃自己，而是凭借超乎想象的韧劲儿实现了人生的蜕变，他们才是生活中最强大的王者。

一个人如果能够奋发向上，锐意进取，对美好未来充满无限憧憬，并付出不懈的追求，那么他一定会实现自己的价值。

我们的一生就像池塘里的荷花，一开始用力地开，玩命地开，但渐渐地，看到距离开满池塘还有很大的距离，就开始感到挫败，甚至厌烦，结果在距离成功仅有一步之遥时选择了放弃。

人生就像一条漫长的旅途，有平坦的大道，也有崎岖的小路，有灿烂的鲜花，也会充满荆棘。有多少人在荆棘面前退了步，又有多少人在挫折与坎坷里虚度一生。

尼采说："那些杀不死你的，终究会让你更强大。"事实上真是这样，当一个人熬过了苦难，挺过了严冬，等待他的就是阳光明媚的春天了。

## 03

罗素说："人生应该像条河，开头河身狭窄，夹在两岸之间，河水奔腾咆哮，流过巨石，飞下悬崖。后来河面逐渐展宽，两岸离得越来越远，河水也流得较为平缓，最后流进大海，与海水浑然一体。"

可是大多数年轻人坚持不到飞下悬崖的时候，所以也体会不到后面的风平浪静。每个人都会经历黑暗，因为人生道路的不同，经历的黑暗也不同，但这些对自己来说都是短时间内难以逾越的坎儿。

我见过那些为梦想披荆斩棘的人，梦想也给了他们最好的回馈。有位朋友发过传单，睡过地铺，在不断的坚持下，他终于实现了自己的价值。

有人说"不撞南墙不回头"是一种傻，可是如果你不去撞南墙，又怎么知道这条路走不通呢？很多时候，我们丢了决心，给自己找了N个不能继续下去的理由。

人生的路，没有人会代替你，当你发现自己走的路步履维艰时，恭喜你，你的人生将会迎来一次重大的转变，熬过山重水复，就会迎来柳暗花明。

没有工作是不辛苦的，没有江河湖海是一潭清水。每一个光彩夺目的人，一定有过在黑暗中前行的日子，而那段日子，一定会让你快速拥抱光明。

甜蜜的将来绝对不会一蹴而就，需要你努力挺过去，只有挺过去了，才能感受到生活的美好！

# 全力以赴的人生，虽败犹荣

## 01

你和我以及身边的年轻人可能会有这样一个常态：滔滔不绝地说了一堆，最后连一只脚都没迈出去。

稍微有点困难就退缩，抱怨上天的不公平，觉得世界上每个人都对不起自己，明明自己不是公主，可却得了公主病。

有个朋友超级喜欢画画，她的梦想就是当一名画家，曾经不顾一切地北上寻梦，也曾为了这个梦想披荆斩棘付诸行动。

讲实话，看到她这股拼劲，我觉得她很快就会实现自己的梦想。

可结果呢？最后竟然啥也没成，画没有画好，工作也没找好。从她的脸上你根本看不出曾经的意气风发，那股斗志昂扬的精气神早就烟消云散了。

她天天抱怨生活不公，不是和朋友小聚就是挥霍浪费时间，徒徒虚度光阴，最后的结果是一事无成。

想成为画家是不错的理想,但最起码应该为这个理想奋斗吧,不去努力而是单纯想靠运气又怎么可能实现呢?

都知道这世上没有随随便便的成功,可每个人都做着捷径的梦,幻想有朝一日飞黄腾达,实现自己的价值。

这个世上从来没有立竿见影的成功,你只有努力去做,把梦想换成理想,奔跑起来,充满温度,那么你就成功了。

## 02

有一种人,张嘴闭嘴就迷茫,稍微遇到点挫折就厌世,把心中的理想当成奢望,只敢去想,却从来不去做,仿佛自己注定是个失败者。

很多人觉得自己和成功的人差距太大,纵使再努力也追赶不上。

我反而觉得,我们和成功人士的距离不过是一个坚持,很多事情我们做着做着就放弃了,他们却能坚持做,一年不行两年,两年不行三年,一直继续,只要走在路上,总有好机遇。

有时候,我们太急,觉得自己起点低,运气差,注定一辈子碌碌无为,好不容易说服自己努力一下,却又被现实打击得不知所措。

我想不明白,为什么不一直走下去,为什么说自己没有目标、没有方向,换句话说,你真的没有吗?说白了,这个目标你比谁都清楚，只是不想品尝实现这个目标的苦。

试想一下，如果随便写两个字就是书法家，那么这个世界上遍地都是书法家；如果随便画一幅画就是画家，那么这个世界上到处是画家。

真正成功的人，是耐得住寂寞的，会为了结果拼尽全力，面对暂时的不成功，他们不会抱怨，会安慰自己，会告诉自己只要认真坚持，任何人都无法动摇他们的决心。

既然知道自己想要什么，那就大胆去做吧，做了或许会失败，但每失败一次，就会离成功更进一步，不是吗？

## 03

佩服那些为了理想拼命的人，这些人是有温度、充满热血的，他们值得我们每一个人尊重。他们不怕碰壁，不怕跌倒，勇于靠近理想，大有一种不达目的誓不罢休的气势。

我们为了即刻的满足感和虚荣心，祈祷在梦想的起跑线上就看到终点线，可这真的现实吗？

你可能觉得自己真的努力了，但结果确实很糟糕。

如果真是这样，奉劝你再坚持一下，如果理想是100步，99步你都走了，还差那一步吗？再努力一点点，你的梦想之花就要盛开了。

每一个为梦想奋斗的人都值得尊敬，因为他们让梦想有了温度，他们终究会实现曾经的理想。纵使受尽磨难，也要去争取，理想主义者的结局就算悲壮也绝对不会可怜。

全力以赴的人生，虽败犹荣。

第七章 Chapter 7

追光的人，
终会光芒万丈

# 越是难熬的时候，
# 越要自己撑过去

## 01

人生海海，在这世间没有一种工作是不辛苦的，我们的人生之路就像打怪兽，需要单枪匹马地熬过一个又一个难关。

成年人的世界，从来没有"容易"二字，熬过去了，人生也就顺了。

国学大师季羡林曾说："人生的道路上，每个人都是孤独的旅客。"

既然孤独，就不要到处诉说自己的苦，因为你的苦于别人而言可能只是小事。自己的人生之路需要自己走，生活中遇到的累也只有自己扛，唯有如此，你的人生才会更精彩。

## 02

  很多时候,我们只看到别人人前的光鲜,却从未看到他们背后的付出,总觉得别人的成功很容易,殊不知,这世上没有一份成功是容易的。

  熬住了,则出人头地;熬不住了,则前功尽弃。

  这世上的道路有千万条,可有些路注定要你一个人走,过程可能充满艰辛,但你只有走下去,才能拨开云雾见天晴。

  就像哥伦比亚运动员奥斯卡·菲格罗亚一样,他数次站在奥运会的赛场,历经磨难,终于在33岁的时候夺得金牌,实现了自己的梦想。

  没有吃过苦的人不足以谈人生。奥斯卡·菲格罗亚吃过的苦你可能想象不到,要是换作我们可能很难坚持下来,更不用说以后的风光了。

  奥斯卡·菲格罗亚出生在南美洲哥伦比亚的一个边陲小镇,在那里如果你不挖矿,就别无其他生存之道。为了改变命运,他走上了举重的道路,并顺利代表国家参加比赛。

  在2004年的雅典奥运会上,年仅21岁的奥斯卡·菲格罗亚获得56公斤级第五名,客观来说这是一个好的开始。当所有人都以为他在2008年北京奥运会上能拿到金牌时,命运却向他开了一个天大的玩笑,赛前还有两周时,他颈椎间盘突出,从而与金牌无缘。

痛过之后，奥斯卡并没有放弃。为了能比赛，他决定进行脊椎手术，虽然巨大的手术风险很可能会毁了他，但只要有机会，他就不想放弃，幸运的是手术很成功。手术结束后，他很快投入到训练中，并且在2012年伦敦奥运会上拿到了银牌。

本来一切都朝着好的方向发展，奈何命运再一次向他挥了一记重锤——他的背部受伤了。在新伤和旧伤的日夜折磨下，奥斯卡只能再次进行手术，此时距离比赛还剩6个月。手术没多久，奥斯卡没等恢复就迫不及待地恢复了训练。

当所有人都认为他坚持不住的时候，奥斯卡挺过来了，并在2016年的里约奥运会上顺利夺得金牌。这一刻他等了12年，拿到金牌后，他高举双臂，泣不成声，场面让人动容。

鲁豫曾在《偶遇》一书中写道：

"无论是谁，我们都曾经或正在经历各自的人生至暗时刻，那是一条漫长、黝黑、阴冷、令人绝望的隧道。"

事实上真是这样，有些路注定要一个人走，难熬的时候你要做的是撑过去，而不是向生活投降。虽然我们曾不堪一击，但终究会刀枪不入。

## 03

经常有人抱怨生活太苦了，自己熬不下去了，可能放弃的一刻会很爽，但未来的日子却无比艰难。你没有熬下去的勇气，就不配享受以后的奇迹。

诚然，没有一个人喜欢在黑夜里独行，但除此之外又有什么办法呢？与其痛苦地寻求别人的帮助，还不如历练一个更好的自己。

网友汐若畅想分享了一个自己的故事，看后感触颇深：

在做人力资源工作之前，她是一家医药公司仓库里的发货员。她每天做的工作就是用拖车拿着票据从仓库里搬下很重的货物，然后发货。

做过仓库工作的朋友应该知道，这份工作辛苦又无聊，除了能消耗你的体力，对技能的提升没有任何帮助。

做了一段时间后，汐若畅想决定报考人力资源管理师证，虽然她对人力资源一窍不通，但还是义无反顾地决定试试。

决定很简单，但坚持的过程却很痛苦。那段时间每天下班，她经常草草嚼着几个馒头，就奔向培训机构开始学习，每次培训回来都特别晚，睡觉基本都是凌晨了。虽然很苦，但她坚信只要熬下去就会有奇迹。

那段时间，她不仅全力以赴完成人力资源所有培训课程，而且还经常去请教公司人力资源部的领导，学习一些实操技能。

经过不懈地努力和坚持，她终于拿到了人力资源管理师证，并且很顺利地得到了一份人力资源的工作。

作家马未都曾说：

"我们每个人的一生在生理上、心理上或者周围环境上肯定会遇到坎儿,每个人内心中的坎坷一定是靠自己去战胜的,无论别人怎么帮你,你都需要自己迈过这道坎儿。"

在人生的很多阶段,我们都会觉得自己是世上最辛苦的人,但当你挺过来了就会发现真的没有什么,熬过去了,成功也就来了。

当你心中有了目标,请忍住所有的苦,用心去做,努力经营,不轻言放弃。当你做到了,人生何愁没有光明?

## 04

在人生这条单行道上,很多事情可能暂时会很糟糕,但终究会朝着好的一面发展,很多看似很难的阶段,熬着熬着也就过来了。

每个人的一生总有那么一段难熬的时光,被生活逼着前进,不知道怎么做,更不知道未来的路会怎样,会遇到很多人,以为能得到帮助,最后却发现真正的摆渡人是自己。

就像黑塞说的:"我们来自同一个深渊,然而人人都在奔向自己的目的地,试图跃出深渊。我们可以彼此理解,然而能解读自己的人只有自己。"

往后余生,愿每一个人都能收获欢喜,熬过人生路上的坎坎坷坷,一路高歌猛进、勇往直前,迎接属于自己的春暖花开。

# 追光的人，
# 终会光芒万丈

## 01

现在的你或许正在承受生活带来的痛苦，无论多难，希望你千万不要灰心丧气。只要还心存希望，就一定会有奇迹。

电影《流浪地球》里有这样一句台词，让人感动：

"希望，是这个年代像钻石一样珍贵的东西。"

倘若你的人生陷入低谷，只要不气馁，努力去做一个追光的人，自然会拨开云雾见天晴，让自己的人生更有价值。

活着，很多事我们没法预料，我们能做的就是心存希望，过好每一天。

## 02

我们这一生，几乎所有人都会被命运捉弄，但不管怎样，只要我们曾努力过，就没必要后悔，就算人生的价值没有实现，也足以光芒万丈。

一直觉得自己不是感性的人，可每当看到一些人和事时，泪水还是会止不住地流下来。这泪水不是同情，而是一种发自内心的敬佩。

曾在网上看到一个女孩发的帖子，本以为只是平常的帖子，但是看完之后大为震撼。

女孩叫吴思，是一位1994年出生的姑娘，得的是子宫癌，虽经过各项救治，但依然无法挽回，这个坚强的姑娘永远地离开了我们。

"90后"，癌症，死亡！相信没有人能受得了这几个字，我们除了惋惜，没有任何办法。

原本吴思应该活在痛苦中，她的世界也是一片黑暗。但谁也没想到，她竟然很乐观，努力寻求黑暗中的亮光，即便微小，却也足够。

吴思很懂事，她没有抱怨命运的不公，而是在网上记录着一些开心的事情，虽然命运痛吻她，她却愿意报之以歌。

她内心的乐观让人惊讶，好像患病的不是她，就连最后的朋友圈都是一句云淡风轻的话："江山给你们，朕玩够了，拜拜。"

有患癌症的网友说："癌症治疗起来真的很痛苦，化疗的罪根本不是人受的，小姑娘真的很懂事了。"

只是这份懂事让人心疼，所有的痛在她看来都不值一提。她在网上说自己很幸运，和她在同一个城市的大学同学带着全班同学送她的礼物去看她——礼物是一个平板电脑，里面是各地同学录的鼓励她的话，然后组合成一个大视频。

当大家夸赞她特别坚强时，她说："其实很多时候在你不知道的地方，有很多人在默默地为你做着很多你不知道的事。所以我没有理由不坚强。"

网上看到一句话，深以为然：

"一个人最痛快的成功，不是超越别人，而是战胜自己；最可贵的坚持，不是历经磨难，而是保持初心。"

只是很多事总是天不遂人愿，无情的病魔还是夺走了她年轻的生命。在生命的最后一站，她做的事情就像自己的名字一样，真的很无私（吴思），她捐献了自己的眼角膜，希望能帮到别人。

她是一个无私的女孩，是眼里有光的人，真心地希望她的下一站只有幸福。

## 03

这世上从来没有从天而降的幸运，只有披荆斩棘的勇气，若是运气不行，请试试勇气，说不定会有奇迹。

任何时候，心中都要有光，哪怕微小，也总会给自己带来新的希望。

在人生这个大舞台上，当你放弃了自己，那么整个世界也就放弃了你；若是你不认命，能坚持下来，我相信一切都会好的。

诚然，命运会把你放在最低点，但你要做的不是认输，而是奋斗出一个绝地反击的故事。

我常常想生活中为什么有些人能如此坚强，后来终于明白，原来是他们心中有光，有一个不服输的信念，即便命运残酷，他们依然笑对。

说个文友空谷幽蓝的故事吧，我相信这个故事一定会给你力量，让你在黑暗的人生中重新鼓起寻找光的勇气。

2010年，空谷幽蓝重病住院，被诊断为尿毒症。看到诊断书上这三个字，空谷幽蓝一下愣住了，她不明白这种病为什么会找上自己。

虽然心里当时难以接受，但也只能耐下心来治疗，她本以为出院之后就没什么大碍了，可是医生的话再次击碎了她构建起来的小小希望。

医生明确告诉她，出院后也需要每周三次到医院规律透析，每次透析时间为4个小时。除此之外，平时饮食要忌口，水也不能多喝，只有这样才能最大限度地保证病情的稳定。

倘若你没有失望至极过，可能永远不会理解这种痛苦，就像空谷幽蓝说的，"病痛的折磨忍一忍还能过得去，但心理上的煎熬足以摧毁一个人"。

因为这个病，她连正常的工作都做不了了，那段时间她经常哭，恨老天的不公平，恨自己成为一个靠别人养活的废人。

30岁的人生本来是最美好的人生，可是现在却因为疾病一下子跌到了低谷，若不是家人的关爱，她恨不得早点离开这个世界。一个心中没有希望的人是可怕的，一个不再追光的人是悲哀的。

假如她真的一蹶不振下去，可能会失去所有，但经历过无数个辗转反侧的暗夜，空谷幽蓝终于想明白了，她要寻找生活的微光，就算再微弱，也要靠亮光重启自己的人生。

由于空谷幽蓝平时喜欢看书、写日记，再加上天性敏感，她时常会发一些生活感悟到社交平台，因此她打算以这个作为突破口，用心写作，一方面能提升自己的斗志，另一方面或许能赚点稿费。

打定主意后，她便开始执行了，幸运的是这次幸运之神眷顾她了，她的一些作品开始陆续发表。收到第一笔稿费时，她终于重新找到了活着的价值，感觉自己的人生一下子被照亮了，也再次找到了努力的意义。

现在她一直在写作这条路上坚持，如今的她不仅可以靠稿费养活自己，还在这份爱好中找到了更大的人生价值。

空谷幽蓝曾说：

"当希望之光照进生命，再凶狠的疾病也会被逼退场成为配角，而那时的我，一定是带着激扬的斗志回归主场，光芒闪耀。"

人生实苦，每个人都不容易，真的希望我们都能拥有向日葵般的心态，只有这样，我们才不会担心黑暗，能永远跟着光明前行。

　　余生漫长，不管未来会怎样，希望你都能遵从自己的内心，选择想要的生活，做一个永远追光的人，开心快乐地过好每一天。

# 每个人的生命里，
# 都有一段孤独的时光

## 01

在美国作家加布瑞埃拉·泽文的知名作品《岛上书店》中，有一段让人印象深刻的话："每个人的生命中，都有最艰难的那一年，将人生变得美好而辽阔。"

这句话之所以能够打动无数读者，是因为很多优秀的人都懂得，每个人的生命历程中，都会有一段不被人理解、不受人关注的时光。在那些日子里，我们都会觉得成功遥遥无期，总是会忍不住开始怀疑自己，否定自己。

那段艰难的时光是人生中必须经历的日子。在那些默默无声的日子里，我们始终不停地积累和沉淀着，为日后的闪耀积攒足够的能量。

无独有偶，某知名报纸上的一篇科学报道也表达了相同的观点，令人深有感触。报道的内容如下：

"三万二千年前,西伯利亚东北部的松鼠将果实深埋地下,深至永冻层,后来洪水席卷了那个地方,果实被永远地密封在地下,直到2007年才被发掘出来。一队科学家拿到了那些果实,并培养出了成活的植物。"

你看,不论潜藏多深,掩埋多久,只要不自我毁灭,总有重生的时刻。

只要自己不放弃自己,相信经过人生中的艰难时刻,我们都可以迎来美丽的风景,绽放属于自己的光华。

## 02

正是在这无人陪伴的深海中,你才有可能与自己对话,找到真正渴望的东西,成为支撑你一生的光源。

一个人在正常环境下的表现说明不了什么,在无人监督、无人施压的环境下的行为举止才能体现他的真正格局,这才是他的独特之处。

看他困顿窘迫时,看他悲伤寂寞时,看他疲惫劳累时,看他生气激愤时,这些时候,才是向世人展现光华的时刻。

聚光灯之下,每个人都会以最美丽的妆容现身,可是在夜幕之下,你是否还能坚持以最好的姿态出现?一帆风顺之时,每个人都能从容轻松地顺流而行,可是在逆风激流之时,你是否还能掌好船舵一往无前?寒冬之下,那独自俏丽的梅花才尤为惊心动魄；深海之中，一个人的坚持才更为打动人心。

你要记得，你才是承载一切美好，绽放所有光华的本体。所有人生路上的曲折坎坷，都是为了协助你完成这场绚烂表演的铺垫、背景和旁白。

他出生于辽宁沈阳，从小就喜欢音乐。9岁那年，为了让他的爱好有所发展，父亲放弃了自己热爱的工作，陪他来到北京中央音乐学院学习钢琴。

尽管他还是一个孩子，但他非常懂事，也非常刻苦，除了学习文化课外，他每天都坚持练琴8小时以上。一段时间下来，他已能熟练地弹奏柴可夫斯基的《第一钢琴协奏曲》和拉赫玛尼诺夫的《第三钢琴协奏曲》，而这两首曲子的难度都相当高。

正当他沉浸在进步的喜悦中时，一天晚上，居委会的大妈气冲冲地敲开了他家的门。为了表达邻居们的愤慨，那位大妈毫不客气地对他说："你不要再弹琴了，你的琴声实在吓人，吵得大家都无法休息。你以为你是谁呀！贝多芬，克莱德曼？趁早收起那份心吧，学琴的人多得是，你看有几个人能真正出名呢？"

不仅如此，在学校里，许多同学都看不起他，嘲笑他是一个土包子，嘲笑他癞蛤蟆想吃天鹅肉。

更令他难受的是，一位钢琴老师也泼他的冷水说："以你这样的资质，再过100年，也不可能成为一位钢琴家！"

他心灰意冷地回到租住的筒子楼里，哭着对父亲说："我讨厌北京，讨厌钢琴，讨厌这里的一切，我再也不学琴了。"

父亲听后，语重心长地说："孩子，不要在乎别人说什么，也不要抱怨命运的不公，要想让别人欣赏自己，你就要先让自己变得优秀，那么你就要比别人更努力。"听了父亲的话，他似懂非懂地点了点头。

从那以后，他一心一意地练习钢琴，不管别人怎样打击他、讽刺他，他始终不放弃自己心中的梦想。

后来，当初这棵毫不起眼的小树苗，长成了一棵参天巨树，年仅17岁就享誉全球，万众瞩目。

他就是被誉为"当今世界最年轻的钢琴大师""一部钢琴的发电机""中国的莫扎特"的著名钢琴家郎朗。

## 03

也许你的头顶没有太阳，总是黑夜，但它并不是一团漆黑，有东西可以代替太阳带来光亮。虽然没有太阳那么明亮，但对深海中的自己来说已经足够。凭借着这束光，便能把黑夜当成白天，便能从绝望中看到希望。这光由自我发出，虽然微弱，却永不熄灭。

阳光固然美好，却也会随时隐退，唯有来源于自己的光芒，才真正由你把握。

更何况，为什么要指望别人给你的那点热情去生活呢？为什么不能争气一点儿，让自己成为吸引这个世界的焦点呢？

前人说得好，这世上有三样东西是别人抢不走的：一是吃进肚里的食物，二是藏在心中的梦想，三是装进大脑的智慧。

每一个优秀的人，在他们成功之前，都会经历一段孤独的时光。那段时光要忍受寂寞，忍受别人的冷眼和非议，面对生活的不公。

当然，你或许无法改变环境，但你可以决定对待它的态度和自处的方式。当你不绝望，不抱怨，重振自我，重启梦想时，哪怕在深海里独自寂寞，依然可以成长为一个有追求、会发光的人生赢家，绽放耀眼的光华。

其实，人生是一个自我修行与修炼的过程，当你发现了自己生命的意义，找到了自己的方向，就应该耐得住寂寞，经得起诱惑，驱除掉浮躁，扛得起挫折。

想要成功的人，一定要记住：想要成功，就要先经历一段没人支持、没人帮助的黑暗岁月，而这段时光，恰恰是沉淀自我的关键阶段。犹如黎明前的黑暗，挨过去，天也就亮了。

# 人生从来没有太晚的开始

## 01

在著名主持人——敬一丹的一篇专访报道中，看到一句让人感慨颇深的话。

从中国传媒大学毕业后，敬一丹回到了自己的家乡黑龙江，在黑龙江人民广播电台工作。因为经历过上山下乡的知青生活，敬一丹的文化底子薄，于是，她报考了母校的研究生，可惜的是，她连续两次都名落孙山。

当时，敬一丹已经二十九岁了，不想再这样折腾了，但就这样放弃，她又有些不甘。

那段考研的日子里，她一直闷闷不乐。

幸运的是，敬一丹的母亲是个知识女性，看着愁眉不展的女儿，母亲语重心长地对敬一丹说："人的命运掌握在自己手里，真要想改变自己，什么时候都不晚。"

"什么时候都不晚"，就是这一句话，让敬一丹第三次走上了考场，终于在三十岁那年成了中国传媒大学的研究生。

　　入学不久，敬一丹就结婚了，她的丈夫在清华大学读研究生。虽然有了家，但他们依然住在各自学校的集体宿舍里，一日三餐在食堂里吃饭，和单身生活几乎没有什么区别。

　　三年的苦日子熬过后，敬一丹留校任教了。在别人眼里，在大学里当教师，工作既体面又轻松，收入也不错，而且有很多时间可以照顾家庭，很多人都羡慕她，但她对自己的生活状况并不满意。她觉得自己是学新闻的，应该到一线去做更有挑战性的工作。

　　三十三岁那年，中央电视台经济部来中国传媒大学招人，经过面试、笔试和实践考核，敬一丹幸运地被录用了。当时来自亲友们的阻力很大，他们说她是头脑发热，都三十多岁的人了，还瞎折腾什么。

　　敬一丹想，如果自己听从了他们的意见，也许这辈子就会在学校做一名教师，永远过着波澜不惊的生活，那将是她一辈子的遗憾。

　　在人生的关键时刻，敬一丹又一次犹豫了，自己真的还有能力面临新的人生考验吗？那段时间，敬一丹不断地想起母亲的话："人要想改变自己，什么时候都不晚。"敬一丹最后的决定是，不管怎么样，不能让自己的人生留下遗憾，哪怕失败了，也无怨无悔。就这样，敬一丹在三十三岁那年走进了中央电视台，成为一名主持人。

从此以后，中国多了一名家喻户晓的主持人。

## 02

蔡康永在自己的书中写过这样几段话：

"十五岁觉得游泳难，放弃游泳，到十八岁遇到一个你喜欢的人约你去游泳，你只好说'我不会'。

"十八岁觉得英文难，放弃英文，二十八岁出现一个很棒但要会英文的工作，你只好说'我不会'。

"人生前期越嫌麻烦，越懒得学，后来就越可能错过让你动心的人和事，错过新风景。"

这段话让我感触颇多。因为我经常遇到那些对自己现在的生活充满抱怨的人，他们口中说得最多的词语就是"如果"。然而他们并不去行动，不去改变自己，结果只能让自己一再错过机遇。

人想要改变自己，什么时候都不晚，最关键的就是你要有改变的决心。当你下定决心勇于改变自己时，你的人生就会发生翻天覆地的变化。

小梅是我的大学同学，毕业后，回到老家找了一份不错的工作。她却为婚嫁的事情烦恼，不出众的外貌和略有些汉子的性格，使得本来性格就内向的她几乎很难遇到一个互相喜欢的男人。

小城市的生活单调而乏味，于是她打算出国或者换工作到大城市生活，但迟迟无法下定决心。一方面现在在国企工作，比较稳定，另一方面惧怕出国的复杂流程和大城市的激烈竞争，她就这么纠结了六年。到了三十岁，由于社交圈子的狭窄，她还是那个长相平凡、心思粗放的她，于是理所当然地成了剩女。

终于有一天，她狠下心来，跳槽到了北京。

新公司不仅给了她一个职位，还提供了一个有院子的宿舍，工资也比原来高好几千，攒一攒再加上以前的积蓄就可以买房付首付了。

工作对于出色的她并不算有难度，多年积攒的经验让她如鱼得水，她开始收获以前很少听闻的肯定。刚换工作再加上加班比较多，她并没有很多时间去认识新的人，但是随处可见的书店、公司旁边的健身房和丰富多样的活动已经让她开始关注时尚、新事物和自己，公司的大龄姑娘有好几个，她也不觉得孤单。

有一次她代表公司去交涉业务，对方公司的小伙子见她做事认真、待人诚恳，便要了她的电话，后来开始约她吃饭。她压抑了许久的心情终于慢慢变好起来，开始想"如果六年前就来北京就好了"。其实仔细想一下就知道，她的条件更适合看重能力的地方，而且她也很喜欢丰富的精神生活，这里还有很多比她优秀的单身男士。她甚至开始决定出国。

只是那虚掷的六年时光再也回不来了，她也许依然没有组建起一个家庭，但绝对可以谋得一份好职位或者获得更快速的成长。

有些事情你不做，你想要的生活就得不到。但是，如果你想要改变自己，什么时候都不晚。

能够发现自己的不足并勇敢改变自己的人是幸运的，他们知道自己真正想要什么，而且得到了自己想要的生活。

## 03

很少有人能一步就拥有自己想要的生活，也许我们要走很长一段时间的弯路，但这有什么关系呢？就像在夜路中行走，你收获了满天闪亮的星星，磨炼了心性。

如果你还在想那份看起来很不错的工作，既可以到处旅游，又可以轻松高薪，可是你的学历不够，那为什么不去把学历变得更高呢？不过是三四年的时间，否则你十年之后依然守着这份侵占你所有时间却给你只够基本生活开销的工作。

生活不仅仅有静止和重复，我们已经来到一个基本公平的时代，只要你的渴望合理，付出努力，世界会找到方法帮你实现的。我们已经来到一个高标准的时代，人人都在追求生活的品质，我们期盼拥有自己喜欢的东西，而不是仅仅活着。

爱一个自己喜欢的人，做自己喜欢的事情，拥有自己想要的亲密关系，向自己喜欢的方向前进着，对于我们，都是像呼吸一样重要的事情。有些事情你一天不做，你就多一天生活在自己不想要的环境中。

而且,不想要的今天会导致更不想要的明天,更不想要的明天会导致十分不想要的后天。既然生活给了我们选择的权利,告诉了我们得到想要的人生的知识和道路,那么为什么不及早踏入追求的路途中呢?

生命很长,何时上路都来得及,人生从来没有太晚的开始。

# 你吃的苦，
# 都是你去看世界的路

## 01

青年作家苏心写过这样的话："那些你吃过的苦，熬过的夜，做过的题，背过的单词，都会铺成一条宽阔的路，带你走到你想去的地方。"

没有一帆风顺的人生，也许我们每个人都注定要跋涉沟沟坎坎，品尝苦涩与无奈，经历挫折与失意。学会吃苦，是人生必须经历的一课。在漫长的人生旅途中，吃苦并不可怕，受挫折也无须忧伤。只要心中的信念没有枯萎，你的人生旅途就不会中断。

## 02

前阵子，公司的策划部招进来一个小姑娘。我忍不住有些为她担心，因为公司的经理在业界以严格而出名，在我眼里，甚至是苛刻。而小姑娘在我的印象中是个瘦瘦小小也很脆弱的人，据说，大学毕业一年就换了四份工作，这期间还有两个月待业在家。

而且在前公司，她经常因为生活和工作的不顺而哭泣，面对上司的严苛会默默流泪。闲暇时，她也会经常抱怨别人对她的不公……

不过，我想或许人都会变化的，这次说不定她会很努力地工作，内心也会变得强大。

然而，还不到一个月，她就告诉我，她准备辞职走人了！

她委屈地告诉我，那天早上她红着眼睛来上班，因为她前一天晚上和男朋友吵架了。刚开始工作，又接到房东的电话，房东说要涨房租。就这样心情沉重地过了半天，下午她在做幻灯演示的时候精力无法集中，以至于以尴尬的沉默告终。之后，经理向她要上周就交给她做的报表，她说自己还没做好。于是，老板便粗暴地批评了她。

"不做了！到哪里不能找一份工作！何苦在这里受折腾！"她气呼呼地说，接着又开始向我抱怨起苛刻的老板是多么变态。

我知道，像她这样的年轻人不止一个。初入社会，习惯了学校的舒适，习惯了父母的庇护，难免对社会的冷酷和压力无所适从，于是心生怨气。

二十多岁，多么稚嫩的年龄，或许二十来岁的自己并不比别人成熟多少，但人总是要成长的，你可以不成熟，但你不能不成长。

如何让自己快速成长起来，我有很多很多的心里话想说给这位准备辞职的小姑娘，还有像小姑娘一样单纯而脆弱的职场新人。

03

冯仑说："伟大都是熬出来的。"为什么是熬？因为普通人承受不了的委屈你要承受；普通人需要别人安慰鼓励，但你没有；普通人以消极指责来发泄情绪，但你必须看到爱和光，在任何事情上学会自我解嘲；普通人需要一副肩膀在脆弱的时候靠一靠，而你就是别人依靠的肩膀。

但是，我向你保证，人这一辈子的幸福与苦难，绝对都在你的承受范围以内。生活比你还要了解你自己，它可狡猾了，它给你的苦涩，永远让你失望而又不至于绝望；而给你的甜蜜，永远让你浅尝辄止而充满念想。

人在二十多岁的时候，总是愿意相信一句话："生活在别处。"当你很轻易地放弃一份工作，很轻易地放手一段爱情，很轻易地舍弃一个朋友，都是因为这种相信。

可惜总是很久之后才能明白，这世上并不存在传说中的"别处"。你所拥有的，不过是你手上的这些。而你兜兜转转最终得到的，也不过是你在第一站错过的。

所以我想告诉你，好好工作吧。工作是一切自由幻觉中最接近现实的一种生存方式。更重要的是，工作能帮助一个人学会怎样爱自己，然后你才能好好地爱这个世界，爱别人，以及被爱。

或许你说自己一无所有，或许你会羡慕上司的房子车子，羡慕学长学姐的七位数年薪。其实这些你不用羡慕，只要努力，这些所有的一切，岁月都会带给你。

而你的年轻岁月，却是他们再也无法拥有的。所以，你没有必要因为你的衣食住行不如别人，或者存款还不到五位数而觉得不安。我们每一个人都是这样过来的，再也没有比二十来岁的贫穷更理直气壮的事情了。

## 04

一个不会游泳的人，老换游泳池是不能解决问题的；一个不会做事的人，老换工作也无法提高自己做事的能力。

你自己才是一切的根源，要想改变一切，首先要改变自己！

你要懂得，不是每一次跌倒都有人扶着你站起来，通往美好之路并不容易，一味地放任，只会令我们脆弱得不堪一击。

没有经历痛苦洗礼的飞蛾，脆弱不堪。人生没有痛苦，就会不堪一击。正是因为有失败，成功才那么美丽动人；因为有灾患，幸福才那么令人喜悦；因为有饥饿，佳肴才让人觉得那么甜美。正是因为有痛苦的存在，才能激发我们向上的力量，使我们的意志更加坚强。瓜熟才能蒂落,水到才能渠成。和飞蛾一样,人的成长必须经历痛苦挣扎,直到双翅强壮后,才能振翅高飞。

面对生活的那份淡定需要慢慢积累,坚强乐观的生活态度也不是与生俱来的,更需要独自承担。

因此,不要幻想生活总是那么圆满,生活的四季不可能只有春天。

年轻的时候要输得起,更不怕吃苦,重要的是自己不放弃自己,踏踏实实地去改变,去努力。你会发现,你现在吃的每一份苦,都是将来你去看世界的路。

# 世界只会对优秀的人刮目相看

## 01

作家周海亮在一篇文章中记叙了自己考大学的故事。因为感觉自己考上大学的希望破灭了,他就认为被录取的人员可能被内定了。

但是他的父亲却说:"我相信你说的那些都是真的。可是,如果你足够优秀,那么他们就没有不录取你的道理。你被淘汰的理由只有一个——你还不够优秀。"

事实也的确如此,这世上的确有龌龊、阴暗,我们不喜欢这一切,可是我们无法改变,然而我们可以改变自己,我们可以努力把自己变得非常优秀。你变得足够优秀,你才有战胜这些龌龊和阴暗的可能。当你的才华光芒四射,世界才会对你刮目相看。

## 02

上大学的时候，教授给我们讲过这样一个颇有启发的故事。

甲和乙同时应聘进一家大公司，他们的学历和年龄相似，也同样努力地工作。一段时间后，甲升任部门主管。乙心中很不服气，但也没有办法，只能忍气吞声。

又过了一段时间，甲的职位又提升了，乙还是原地不动。

乙想不明白，他感觉自己和甲各方面都差不多，为什么自己没有被提升？他带着疑问去请教经理。经理听完乙的问题，并没有说什么，只是交代乙去看一看菜市场有没有卖土豆的。

二十分钟后，乙匆匆赶回来报告经理，菜市场只有一个老汉在卖土豆。经理问："土豆多少钱一斤？"

乙说没问，转身又回到了菜市场。又一个二十分钟过去了，乙回来报告经理，土豆一元钱一斤。

经理问："如果买一百斤以上，是多少钱一斤？"乙要回答出这个问题，只得再一次返回菜市场。

二十分钟后乙回来了，说买一百斤以上八毛钱就可以了。经理说："很好，那菜市场上除了土豆还有些什么菜呢？"乙说："我再转去看看……"

这时，甲到经理的办公室送资料，经理当着乙的面对甲说："去看一看菜市场有没有卖土豆的。"

甲去了，经理邀请乙一起等着。二十多分钟后，甲回来了，对经理说:"市场上只有一个老汉在卖土豆,一元钱一斤,如果买得多,还可便宜,最多便宜至八毛钱,条件是必须购买一百斤以上。如果土豆不满意的话,市场上还有很多种蔬菜:黄瓜、白菜、西红柿、红薯……"

之所以想起这个故事,是因为感慨于朋友老张的故事。一次朋友聚会,老张懊恼地抱怨自己现在的工作情况糟糕透了,上司要求苛刻,不尊重他,长时间不给自己提薪升职,同事们总是很轻浮地开自己的玩笑……不久,老张就离职了。

离职后的老张很快到另一家公司任职,但没多久,老张就在朋友圈中宣布自己准备跳槽了。因为这家公司的领导对自己有成见,自己策划的方案明明已经很好了,却一次次被领导毙掉。"简直就是一个老变态!"老张愤愤不平地表示。

然后他就果断离职了。

这几年,总是听到老张换工作的消息,大家都已经习以为常了。如今,一起大学毕业的好朋友都已经在公司成长为中层领导了,而老张还在为一份不确定的工作而经常奔波在大大小小的人才招聘市场。

## 03

其实,我想说的是,这个世界上发生的每件事都只是暂时的,即使是糟糕的日子,失眠的夜晚。每个人都难免会经历一段不顺利的时光，遇到事情不顺时，拍案而起、拂袖而去固然痛快，但也许失去的是永远的机会。

如果你的优秀卓尔不群、出类拔萃，别人还敢忽视你的存在吗？就像一颗璀璨夺目的珍珠，原本不过是一粒丑陋的沙子，但它承受住了忽视和平淡，直到有一天自己变成了一颗价值连城的珍珠。

在生活的圈子中，有一个叫小孟的女孩，她的故事曾让我特别感慨。

小孟出身普通人家，长得也不是很漂亮，但身材倒是纤长的。小孟的理想是当一名空姐，从上初中就有了这个想法。然而，小孟的理想常常招来别人的嘲笑，想当空姐，谈何容易啊！何况，小孟家也没有在航空公司上班的亲戚朋友。

"癞蛤蟆想吃天鹅肉……"这是一些不怀好意的人对小孟的看法。"你现实一些吧，将来做一个文员或者会计，女孩子要找个安稳的工作……"这是家人苦口婆心的劝导。

但小孟不管别人的看法，执着地坚持自己的理想，她每天把背挺得直直的，坐凳子只坐三分之一，时刻就像一只骄傲的白天鹅。她说，必须时刻保持优雅的状态。她还每天坚持锻炼，比如跑步、做仰卧起坐。她说，这是为了将来体检时身体达标。

她还坚持节食，无论多么爱吃的东西，都只吃规定的量；晚上不管多饿，都不吃夜宵。她说，这是保持身材，将来好在众多人选中脱颖而出。

小孟了解到，想要做空姐，最好的方法就是上空乘学校。她早早锁定了将来要上的那所学校，为了高考时达到空乘学校的分数线，她每天埋在书山题海里，一刻也不松懈。

经过不懈的努力，她终于如愿以偿。两年之后，到了实习期，有航空公司到学校招聘。实习期待遇比较差，而且上班的地方离家有千里之遥，很多同学都不重视这次机会。小孟却第一时间报了名，并积极地做着各种面试的准备。

这么多年的坚持，终究没有白费，面试时她脱颖而出，成了一名真正的空姐。虽然只是实习，她却处处严格要求自己，每件事都做得极为认真。一年后，她和公司正式签约，实现了自己的梦想。

## 04

很多人羡慕小孟的好运，一个普通的女孩子，居然轻轻松松就实现了空姐梦。可是有几个人知道，生活中的每一天，小孟都在为成功做着准备。日复一日的积累，当有一天，她变得足够优秀时，才受到了命运的青睐，才终于换来最后的心想事成！

在你足够优秀之前，难免会有一段被人忽视的日子，这是一段无人相伴的旅程，是一方没有星光的夜空，是一段没有歌声的时光。

所以，年轻的你不要抱怨眼前的一无所有，因为此刻正是筑梦的时候！让自己沉淀，让自己成长，让优秀变成一种习惯，当你足够优秀时，世界自然对你刮目相看！